恢复力

〔德〕克里斯蒂娜·贝尔特 著
徐筱春 刘宇辰 译

人民文学出版社

著作权合同登记号　图字 01-2017-5663

RESILIENZ
Das Geheimnis der psychischen Widerstandskraft
Was uns stark macht gegen Stress, Depressionen und Burn-out
by Christina Berndt

Copyright © 2013 Deutscher Taschenbuch Verlag GmbH & Co.KG, Munich/Germany
Chinese language edition arranged through HERCULES Business & Culture GmbH, Germany
Simplified Chinese edition copyright ©
Shanghai 99 Readers' Culture Co., Ltd., 2018
All rights reserved.

图书在版编目(CIP)数据

恢复力/(德)克里斯蒂娜·贝尔特著；徐筱春，刘宇辰译. —北京：人民文学出版社，2017
ISBN 978-7-02-013435-9

Ⅰ.①恢… Ⅱ.①克… ②徐… ③刘… Ⅲ.①成功心理-通俗读物 Ⅳ.①B848.4-49

中国版本图书馆 CIP 数据核字(2017)第 251483 号

责任编辑　朱卫净　任　战
装帧设计　钱　珺

出版发行　人民文学出版社
社　　址　北京市朝内大街 166 号
邮政编码　100705
网　　址　http://www.rw-cn.com

印　　刷　山东临沂新华印刷物流集团
经　　销　全国新华书店等

字　　数　188 千字
开　　本　890 毫米×1240 毫米　1/32
印　　张　8.75
版　　次　2018 年 3 月北京第 1 版
印　　次　2018 年 3 月第 1 次印刷

书　　号　978-7-02-013435-9
定　　价　42.00 元

如有印装质量问题，请与本社图书销售中心调换。电话：010-65233595

献给琳和特莎，
两个强大的女孩

引　言

　　在 21 世纪，人生变得艰难了，尽管物质生活越来越富裕，身体上的负荷越来越小，科技领域取得的成就也越来越大。这一切原本应该使人生变得轻松愉快，却反而让人们越来越感到压力巨大。工作领域对于速度、专业以及精确度的要求变得非常高，以前要花上一个星期时间深思熟虑才能拟就的商业信函，现如今却必须立刻通过电子邮件予以回复，就连迟一天都得表示道歉。在电子信息可以瞬间抵达的今天，姗姗来迟的回复常常会招致上司或者客户冷酷无情的批评指责，这就是现代企业所宣称的："我们秉承的是一种公开坦率的交流方式。"与此同时，工作范围变得越来越大，而失去工作的恐惧也同样很大。因为不断增加的费用压力，大多数领域的员工数目在切切实实地不断减少，单单这一点就足以令人担心自己会失业了。如果谁不能跟上时代的步伐，那他就会担心失去工作，而近年来不断出现的金融危机和经济衰退给人们造成的经济上和心灵上的威胁也同样不可小觑。

　　而且，不仅在日常工作中潜伏着这个不断向人们索取业绩的怪物，就连在相当亲密的人际关系中，也在随时上演同样的剧情，要求人们不断满足社会的要求。既要扮演完美的伴侣，又要成为出色的员工，与此同时还得做一位优秀的母亲或者杰出的父亲。不仅要疼爱孩子，还要能够让孩子自由成长，并且在教育上殚精竭虑，不错过任何一个机会，特别是在语言、艺术和体育等方面要不断敦促孩子，提高要求，尽一切可能创造条件，为其将来能够胜任全球化的职场要求做好充分的准备。而因为那种传统的大家庭生活模式几乎已经不复存在，无法再指望爷爷奶奶叔叔婶婶伸出援助之手，上述那些要求也就变得越来越难以实现了。

于是，失败、批评以及不断出现的自我批评简直就像是固定程序一样被编写到我们的日常生活之中，其导致的严重后果已经屡见不鲜。心理压力造成的疾病数量之多达到了前所未有的高度，诸如乐坛大咖、足坛巨匠出现心理崩溃、心身耗竭（burn-out）、抑郁的情况也日益增多。也就是说，那些在事业上取得了特别巨大成就的人却面临着心灵崩溃的危险。

如今，人们无法再简单地逃脱现代世界的要求和挑战了。作为社会生物的一分子，我们势必不可避免地受到周围人的价值观和要求的影响，也极其容易主动去适应。有些人甚至被厄运和挫折打击到了最终逃往高山牧场避世或者成为禅宗隐居者来修养身心的地步。离群索居或许可以消除职场压力，却无法阻止个人挫败感、严重疾病或者失去爱侣这样的不幸发生。每个人的人生都必然会面临问题，有时还很严重。层出不穷、各式各样的问题。而且，人们压根没有预想到的问题都可能随时出现。

假如人的心灵也能长出类似老茧一样的东西该多好啊！能够帮助人们在挑战重重的职场生涯中抵御不断涌现的挫折打击，应对日常生活中几乎难以完成的要求。让人能够始终拥有积极乐观向前看的人生态度，而不是一味悲伤地回忆过往；能够自信地将大部分批评指责自动过滤，从而目标明确地聚焦到那些真正有价值的建设性内容。

真的有这样的人，他们具备以上所有这些强大的性格特质，就像岩石一样可以在波涛汹涌的人生长河中傲然挺立，毫不动摇。心理学家将这种神秘的力量称为恢复力（Resilienz），一种可以让人们在面临环境的苛求或者遭遇挫折打击的情况下快速恢复、满血复活的能力。

娜塔莎·卡姆普什[①]的故事大概算得上我们这个时代一个令人特别感动的例子了。那个年轻的奥地利女孩曾于10岁时在从学校回家的路上被绑架，并且被关在一个地牢里长达8年之久。当她成功出逃仅仅两周后出现在电视上时，她的表现简直令观众们目瞪口呆。人们原本以为会看到一个无助的受害者形象，结果却在荧幕上看到一位自信的、非常善于表现自我的年轻女孩。也许这仅仅是因为娜塔莎·卡姆普什成功地将创伤掩藏到了内心的最深处，但不管怎么说，单就她在那种情景中表现出的强大内心就足以令人钦佩了，而她在荧幕上的表现无疑也令人们对恢复力的兴趣达到了一个全新的维度。

为什么这样一个年轻女孩能够战胜如此巨大的磨难，另外一些人却在遇到一丁点儿小挫折后就失去了生活的勇气呢？为什么这个企业家在公司破产后能很快产生新的商业创意，另外一个却放弃了追求？为什么这个人会被某位同事的一句错误言论折磨长达三天之久，另一个人却好像没听见似的？为什么这位男士在结束一段恋情后就掉进了酒坛子，另一位却很快找到了新的人生意义？

到底是什么样的神秘力量令一些人如此强大呢？为了揭开这个巨大的秘密，心理学家、教育家、神经科学家们孜孜不倦地努力研

[①] 卡姆普什曾将自己的经历著书出版，名为《3096天》。

究，也不断地有新的发现。长久以来，他们仅仅致力于研究心灵的深渊，不断地追寻到底是什么样的后天因素导致病态观念、抑郁和恐慌的产生。直到上个世纪90年代末，才有个别的先驱前辈转向积极心理学的研究。他们要探究那些有超强生存能力的人摆脱危机的奥秘，希望能够找出强者所具备的特质、策略和资源。

本书将通过实例讲述那些心理强大的人身上所具备的防御抗挫装备，并借助最新的科学研究成果揭示心灵恢复力形成的途径，而这也将给暂时缺失这种力量的人们指明道路，如何以强者为榜样，更好地驾驭未来人生中可能出现的各种各样大大小小的危机。因为，虽然心灵恢复力早在幼儿时期就已经打下了根基，但依然可以在成年后继续得到强化和提升。人们只需要知道，如何去做。

目 录

引言

此处亟需恢复力

日复一日的压力 / 7

如果心灵缺少了防御装备 / 14

自我测试：我的压力有多大？ / 25

人类及其危机 / 28

恢复力在日常生活中的威力

恢复力的若干支柱 / 60

强大的人常常特别了解自我 / 71

什么令人强大，什么令人脆弱 / 79

总是快乐的错误：恢复力与健康 / 82

压抑是被允许的 / 89

在不幸中成长 / 95

哪个性别更强大？ / 106

自我测试：我的恢复力有多强？ / 112

— 1 —

强者的基材：恢复力从何而来？

环境如何塑造人生（环境） / 118
大脑里发生着什么事（神经生物学） / 124
遗传的影响（遗传学） / 131
父母自身的经历是如何影响遗传的（表观遗传学） / 145

如何使孩子更强大

"不要过分保护孩子" / 160
将恢复力法则纳入幼儿园教学计划 / 167
孩子对母亲的需求有多大？ / 176

日常生活指南

人是可以改变的 / 186
"大五人格" / 194
恢复力形成于早期，但是成年后依然能够习得 / 197
压力预防针 / 210

如何保持强大　　　　　　　　　　　　　　　/ 218

"我的压力好大！"——自我造成的脆弱　　　　/ 222

注意力小训练　　　　　　　　　　　　　　　/ 230

"断电"指南　　　　　　　　　　　　　　　　/ 235

附录

致谢　　　　　　　　　　　　　　　　　　　/ 242

科学家名录　　　　　　　　　　　　　　　　/ 243

参考文献　　　　　　　　　　　　　　　　　/ 250

此处亟需恢复力

"偷得浮生半日闲"已经过时了,懒散这种事儿只会令那头由我们这个业绩至上时代所造就的怪物感到无聊。"我太忙了!"这句话已经成为大家耳熟能详的口头禅,甚至就连幼儿园的小朋友也常常兴高采烈地跟着大人们鹦鹉学舌。这句话仿佛具有某种魔力,能令说话人感觉自个儿挺重要的,而且能借此获得别人的认可。休闲和放空原本可以令人重新获得力量和创造力,但如今这一点却几乎被忽视殆尽。相反,只有那些能够同时在事业、家庭乃至各种令人羡慕的爱好等方面都取得成就的人才能获得较高的声望。

这样一来,忙一点儿所带来的危害自然也就不足挂齿了。人们不断地挑战自己的工作能力,并且试图最终能从高压下获得一点儿快感。然而,如今那些持续不断的超高要求牢牢把控着人生许多领域,随着时间的流逝,逐渐导致一种越来越负面的情绪,终有一天根本无法消除。如果要求过高,高到无法达到,也就不可能让人产生成就感。心理足够强大的人可以不把压力视为负面的东西,或者不让自己屈服于压力之下,可对于那些不太坚强的人而言,没完没了的压力最终会导致健康危机。

心灵上的痛苦最初常常是通过身体上出现的一些并不引人瞩目的小征兆表现出来的,比如腰疼、肚子不舒服,等等。如果对此一直视若无睹,就有可能最终导致心理上的崩溃。越来越多的人需要这种心灵恢复力,早已不仅仅局限于那些竞争格外激烈的领域或者经历了特别大的挫折打击的人群了。到处都充斥着高要求，无论是在办事员的简单工作岗位上，还是在小家庭、伴侣关系上，当然还有失恋、失业、缺钱、疾病、丧亲等个人危机所带来的痛苦。

在处理种种事业问题的同时还要建设好个人的家庭生活，这样的情况令人们普遍感到精力不够。抑郁症和心身耗竭综合征早已被视为时代病了。而正是在对这些痛苦的承受力上，强者和弱者之间的界限变得更加分明。有些人甚至开始在酒精中寻找安慰，只有靠晚上来瓶红酒才能让自己感到舒服一些，轻松一点儿。

人们需要一种健康的自信心，一种自我价值感，来帮助自己构建出一个心理弹簧。或者至少是一些有助益的技术手段，以便在心理健康受到攻击时能够进行抵挡。本章节将阐明各种各样形形色色的威胁是怎样对我们的心理健康产生影响的，并且引导人们最终走出低谷。

日复一日的压力

"我压力好大"这句话，现如今几乎每个人每个星期都至少要讲一次，而在 75 年前却还没有人知道这个词是什么意思呢。直到 1936 年，出生于维也纳的汉斯·塞里博士第一次提出"Stress"[①]这个概念，而在今天它却成为了与我们的人生如此密不可分的一个词。"我给所有语言贡献了一个新词。"塞里在他的生命终点这样说道。他撰写了多达 1700 篇专业文章以及 39 部著作来描述之前从未被科学阐释的那种现象。其实，"Stress"这个词早在石器时代就已经出现了，毕竟人类曾在漫漫历史长河中经历过种种不断涌现的艰难境况，其中不少无疑比今天这个时代的负荷还要更加难以忍受。显然，找不到果腹的食物给人类带来的负面影响要比在一个大型场合作报告产生的紧张感大多了，而从剑齿虎的利爪下逃生当然也是早晨匆忙赶赴商谈的压力不可类比的。

应激或者说压力的作用正在于此。它促使我们在面临困难境况时能够快速反应，以免被吃掉。为此我们的血压会上升，脉搏会加快，呼吸变得急促，肾上腺素蜂拥而出，为我们的大脑和肌肉提供充足的能量，让我们的身体做好战斗——或者逃跑的准备。"压力是为了让我们在不同的环境中有能力取得最好成就。"生物心理学家克莱门斯·基施鲍姆教授这样总结道。只不过，当危险过去以后，这些身体反应应该尽快退潮平息。

[①] 在机械物理学上，该词译为"压力"；而在生物学或心理学领域，该词译为"应激"。

但是，如今压力却成为了日常生活的一部分。"甚至可以说，它几乎已经成为大家津津乐道的一个褒义词了，可以令人们感觉自己不是碌碌无为，而是忙忙碌碌，挺重要的。"心理学家莫妮卡·布林格说，"如此一来，这种偶然让人有点儿透不过气来的兴奋感与那种因为没有取得成功而在应激作用结束后产生的持续不断的负面情绪变得难以区别，人们低估了这种无法消除的压力对健康的威胁。"

如果人的身体持续处于紧张状态，其后果往往首先通过心灵感觉到：处于压力下的人会感觉不舒服、恐惧或者伤感，还有一些人则会表现得很急躁并且爱发脾气，很容易变得偏激。如果长期承受慢性压力，则大多无法再恢复平静。没有压力的状态反而令他觉得无法忍受，因为他早已忘了休息是什么。长此以往，终将拉响精神上的第一声警报，身体上的问题也会随之而来。然而到底谁会中枪，在这一点上人与人之间的区别确实非常巨大。"每个人都有自己独特的阿喀琉斯，或者说致命的弱点。"预防医学专家克里斯托夫·班贝格说。等到那些心灵负荷最终变得无法再逃避，这时就会出现心理障碍，比如抑郁症或者最近一段时间常常听到的心身耗竭，这种所谓心身耗竭综合征其实也类似于一种轻度的抑郁症。

那么，一个工作日程排满、充满挑战、忙碌不堪的日子给人造成的压力到底有多大呢？在这一点上，每个人的感受实在是差别巨大。这个人可能觉得安排两个工作会议已经太多了，另一个人则只要时间不发生冲突就不会陷入困境，而第三个人可能对此毫无感觉。

一个人能承受的紧张和压力有多少，很大程度上取决于他的心理弹性或者说心灵恢复力，而这个恢复力是要从小培养的，个人的性格特质、所处的社会环境以及所受的教育也会对此产生影响。但是除此之外，还有一些策略和方法也同样有助于人们在和压力打交道时变得轻松一点儿。也就是说，这种对抗人生压力的心灵恢复力是可以在成年以后继续加强的。人格心理学家们越来越倾向于这个结论，即我们的性格并非像人们通常认为的那样"江山易改，禀性难移"。

从事抗压训练的专业人士尝试向他们的培训对象传授一些他们称之为"应激能力"的东西。学员首先要了解自己每天遇到的各种各样的压力的种类，既包括那些消极负面、具有毁坏性的压力，也包括那些建设性的、能帮助自己更好地战胜困难的应激能力。因为只有知道如何区分它们，才能更有针对性地解决那些令人生病的负压。

对于急性的、具有毁灭性的压力，培训师们也没有放弃提供立竿见影的减压手段。许多培训师在其中嵌入了放松程序，比如自我放松训练或者雅各布森提出的渐进式肌肉放松训练。另外一些则采用远东地区的方式，如瑜伽、各种各样的沉思冥想等，其中也包括注意力的训练，或者做一些放松的运动，如气功、太极拳，等等。还有一些人则找到了完全属于自己的个性化减压方式，比如长距离散步或者每天晚上12点强制自己暂停一切活动，等等。至于哪种方法最有效，则不仅取决于当时面临的问题，也取决于寻求抗压帮助的人本身的偏好。

但无论哪种方式，其目的都是相同的，那就是要让血压、心跳和脑部分泌的激素降下来，让冷静、满足和舒适感升上去！至于到底怎样才能达到这个目的，不同放松方式的发明者提出了各式各样的观点。例如雅各布森倡导的渐进式肌肉放松法更倾向于针对身体的放松训练，他认为当人们专注于对身体的训练时，心理的紧张感便会随之减轻。训练者可以让某个特定的肌肉群先紧张起来，然后再放松，这种对肌肉训练的专注可以令精神逐渐平静下来，既没有时间也没有空间再去为明天要完成的工作烦恼，只会专注于自我。

与此相反的是，自我放松训练则尝试通过改变心理状态，继而对身体机能产生影响。承压者采取自我暗示的方法，他们在脑海里慢慢重复那些相同的句子来进行自我暗示。例如，"我的手臂和腿是沉重的"，或者"我的呼吸十分平静均匀"，等等。如果不断地重复训练，肯定会有效果。在进行这样精确性训练的时候，还有谁会去想到底什么是压力和紧张呢？

但其危险在于，一旦人们想起尚未完成的工作，压力便会卷土重来。在这个方面，注意力训练师们可以提供帮助。他们能够帮助受训者以新的目光看待日常生活，重新评估那些一直以来困扰自己的事情，最好是不再对其感觉厌烦。同时也可以提升感知能力，察觉有哪些令人不愉快的经历可以有所改变，又有哪些是无法避免的。

要区分什么是重要的，什么是不重要的，这是专业人士在向当事人谈及如何消除压力时传授的要诀之一。其中也包括在界定职业和业余生活时能够更加明确一点儿，借此得以重新拥有业余时间，而这一点原本是多么理所当然的事！对于在职场中被触手可及的手机和电脑追赶得无处可逃的人类而言，能够在夜晚终于摆脱掉"电子监工"的魔爪是多么难以置信的放松。"我终于下线了"，这对于心灵而言简直就是一次小小的休假。休息无疑是不可或缺的重要阶段，而许多持续性抑郁症患者却恰恰忘记了这一点。他们必须重新学习并体会，让自己切断电源——也就是抛开一切好好休息——是多么美好的事。

在进行所有这些抗抑郁训练时，并不是要人们走向另外一个极端，立刻陷入毫无雄心壮志的颓废状态。恰恰相反，有一定程度的压力甚至是好的事情，它意味着激励、创造力和能量。只不过当压力承受时间持续过长,无法再通过偷懒、运动和放松来充分释放时,它就会演变成人类的敌人。

毫无疑问,每个人都必须能够应对各种形式的压力,因为人生中的辛苦劳累和负荷重压实在太多了,简直无处可逃。亲密关系可能终结,孩子可能会让人失去最后一丝理智,雇主也可能突然决定把自己的生产基地移往国外,等等。

其中失业可谓是一个人的人生中最糟糕的负面经历,那种不再被需要的感觉对于自我价值感的打击实在太大了,几乎没有其他任何一种人生危机可与之相提并论。心理学家米夏埃尔·艾德和麦克·鲁曼曾对此进行了深入研究。而且即便是在经历第二次或者第三次失业时,这种糟糕的感觉也大多不会减少。在过去长达几十年的时间里,科学家们都坚信人类最终会对一切事物妥协,即便它曾如此改变自己的人生。一篇著名的调研报告表明,即使是经历彩票中奖这样的喜事或是遭遇交通事故导致截瘫这样的悲剧的人,也要不了多久就会基本变得像以前一样评价自己的人生幸福指数。"但是这种适应并非永远存在,"艾德和鲁曼强调说,"时间并不能治愈一切创伤。"

在失业这件事上,甚至看起来可能存在一种激敏作用。"就像一个螺旋一样不断地向下钻。"发展心理学家丹尼斯·格斯多夫说。像上述这三位一样的专业人士也早就知道,失去工作不仅意味着失去自我价值感,人们也因此失去了与社会的联系。如果没了钱,那么和朋友以及亲属之间的冲突就会变得尖锐起来,也没法再参与许多活动。"因此我们的社会提供更多措施来减轻多次失业带来的后果。"艾德和鲁曼说。毕竟失业这样的事对于今天这个时代的人们而言并非少见。

此外,压力同样会存在于那些一开始根本不容易被发现的地方,甚至单单是生活在大城市就已经是一种对心灵健康的威胁了。大城市居民中遭遇心理疾病的人数要远远超过生活在偏僻乡村的人，尽管城市的医疗水平通常要比乡村的好得多。据推测，城市生活带来的负面作用可能与持续不断的过度刺激有关。在冗长的白天中，人们会遇到无数原本根本不曾想到会遇见的人，人的面孔会令大脑感兴趣，所以它会尽可能多地感知它们。然而矛盾的是，谁要是和成千上万的人在相当狭窄的空间里生活，就又会希望能够回避他们。因此，对于饱受压力而又不得不控制情绪的大城市人而言，每个脑部器官似乎都在持续高速运转。其结果就是：大城市的人罹患抑郁症的风险提高了39%，恐惧症的风险提高了21%。而且根据弗洛里安·雷德堡根和安德里亚斯·迈尔·林登伯格的研究发现，发展至精神分裂症的概率也同样如此，生活的城市越大，发病的概率越高。

这两位心理学家甚至能够证明，大城市居民毫无疑问会更加焦虑。他们将心理测试很健康的人放入一个用于大脑扫描的磁共振成像仪器里，以便观察他们的脑部活动情况。在测试时，让他们进行很难的数学计算并且不停地斥责他们。这对于所有的受测者都意味着压力：心跳加快，血压上升，血液中的压力荷尔蒙增多。但是，受测者居住的城市越大，其杏仁核——即附着在大脑海马区末端，呈杏仁状，产生情绪、识别情绪和调节情绪，引发应激反应的脑部组织——就会越活跃。而如今已众所周知，杏仁核是与各种各样的心理障碍有关的。虽然搬到乡村生活可能是有助益的，但是那也得花上好几年才能使已经增高的脑活跃度慢慢地平静下来。

那么到底该怎么办呢？难道应该为了减压而逃离到某座寂静的修道院，或者某个偏僻的乡村，甚至荒无人烟的孤岛上去吗？因为担心被别人扫地出门而宁愿马上自谋职业？总是对伴侣和颜悦色，以求对方不会离开自己？然而，恰恰是这些行为又在制造新的压力。今天的生活给人们提供的无穷无尽的选择破坏了健康舒适感。意识到什么对自己是重要的，并且满足于已经得到的，这一点却在如今这样一个充满臆想机会的世界中变成了很高的要求。"了解自己的性格潜质，知道自己想要什么，并且按照适合的方式去生活，不要让自己受到别人疯狂的影响——这应该成为箴言。"埃尔朗根发展心理学家以及预防专家弗里德里希·洛赛尔说。

以前，大多数人都住在父母的房子里，他们在那儿出生长大，不曾搬过一次家。等到长大成人需要自立的时候，也往往只是搬到很近的地方。他们会在当地众多的小企业中选择一个进去当学徒，或者在附近的大城市读完大学后再回到故乡，而且理所当然地再将他们的子女送进自己当年就读的学校。

但是在今天，这样安逸闲适的生活已经变得很稀少了。选择的自由变得那么大，大到成为了负担。作为现代人，我们常常不得不没完没了地想，是否应该从向自己提供的众多选择中挑一个？在同一家公司工作十年是否正确？也许别的地方有报酬更好的工作岗位？攒下的钱应该怎么花？是否应该将孩子送到私立学校读书？假如没有到别的国家生活过一段时间，那么在人生的终点会不会觉得遗憾？婚姻真的如想象中那么美满么？性生活的数量和质量够不够？在这样一个充满自由的人生中，要想获得心灵的平静当然也就很难了。

但是，逃避是没有意义的。更好的做法是，让我们的心灵变得强大。

如果心灵缺少了防御装备

对这位女士而言一切都太完美了：她本人是位卓有成就的设计师，在慕尼黑北部一家大公司工作，有三个可爱的孩子，分别是六岁、三岁和一岁。这位女士每次生完孩子后都只是稍作休息便重返工作岗位，每周工作时间高达30小时。在办公室里，她总是显得情绪很好，看起来工作效率很高，而且外表也总是修饰得整洁得体。她津津乐道自己是怎样凭借出色的管理天赋将家务、婚姻以及耗人精力的职业安排得井井有条的。对于这位女士而言，真可谓一切曾经都太完美了。是的，曾经。直到有一天，这位30多岁的女士突然没有再出现在办公室里，因为她垮掉了，不得不请半年病假，住进一家疗养院里。医生告诫她不要在周末回家探望家人，而且最好在之后的一段时间里也不要让丈夫和孩子们前来看望。她要做的就是一定要远离一切，因为她的身体检查结果实在太糟糕了。

在今天这个时代，就连一个普通人对自己的要求都常常高到无法实现。他们既要经受来自邻居和同事的批评的目光，同时还要满足雇主、伙伴、孩子以及自己父母的要求，而且还不能随便应付一下，而是要做的像好莱坞电影里展示的那么完美。成就压力变大了，许多人却像前文中提及的那位女设计师一样，丝毫不曾意识到这样有什么不妥，直到有一天他们的身体突然罢工，在最后一秒踩下了急刹车。

紧随职业高要求其后的常常是心身耗竭，也就是完全崩溃。这个如今几乎已经变得人尽皆知的词语是纽约心理治疗师赫伯特·弗罗伊登贝格尔早在上个世纪70年代提出来的。当时，弗罗伊登贝格尔的主要观察对象是那些从事社会工作的人，这些人对待职业大多非常有责任心，并且有完美主义倾向。工作几年后，他们常常会感到疲倦，无法胜任过度要求，对工作失去乐趣，身体上也开始出现问题。许多人对于自己曾经无比热爱的工作变得倦怠和兴趣索然。

正如德国精神病学、心理治疗、心身医学以及神经病学等协会所述，如今心身耗竭综合征早已不再局限于社会工作者范畴，而是在所有工作领域都存在这种潜在的危险。尤其是单身母亲或父亲，以及留在家里照顾家人的人，这几个人群面临更大的患病威胁。

事实上，此类诊断现在已经到了多得惊人的地步。尽管在德国没有相关的数据，但是在芬兰曾进行过一次非常广泛的调查。结果显示有1/4的成年人在忍受轻度心身耗竭综合征的折磨，有3%的成年人甚至情况严重。各种针对心身耗竭综合征的指南、科普读物以及相关杂志简直像新鲜出炉的面包一样畅销。人们常常感觉其中的许多内容就像在说自己一样，因为文中描述的症状他们也都曾经历过。

这一切当然也要归因于今天的人们所面临的职业上的要求大都非常高，甚至常常是太高了。因此，在2012年度德国医师会议上，与会医生一致提出："工作环境必须符合人性，必须让工作来适应人类，而不是首先满足对于利润率的期望值。"他们不断地看到，越来越多的人患上这种疾病，要么是纯粹的心理疾病，比如抑郁症以及恐惧症，要么是源自心理继而在身体上出现症状的疾病。这种心身疾病的症状不仅包括人们熟知的耳鸣和背部疼痛，就连心脏循环系统的疾病也常常由心理疾患引起。

根据德国劳动保护和工业医学相关部门所做的"2012压力报告"，每两个职员中就有一个抱怨工作压力太大，有52%的人感觉工作繁重，业绩压力很大。一共有18万从业人员参与了这项调查，其中有44%的人在工作期间经常受到电话和电子邮件的干扰，有1/3的人声称曾因为工作太投入而放弃了休息。

而成功脱逃的方法可以很简单，往往只需要一顶小小的黄色度假帐篷就行了。假如压力又一次变得太大了，那么德国人大多会通过家庭医生的帮助来减压。"无能力工作证明"至少可以让他们安静地休息几天。凭借医生的签字和公章，可以逃离所有的义务责任，让自己好好放空几小时，享受突然降临的自由以及自己当家做主的感觉，而不是一切被别人操控。即便没有发烧，没有骨折，没有心脏早搏，医生们也大多会毫无怨言地帮病人开张假条交给雇主。因为他们知道，对饱受压力的雇员而言，自由自在地休息几天常常能起到类似减压阀门的作用，可以帮助他们重新融入组织之中，给心灵创造一点儿正能量来继续应对以后的压力。许多医生称之为心理预防——要预防，而不是等待，等到那些曾向他们求助的病人最终面临崩溃的威胁。

但是，如果这种压力持续存在，并且工作环境没有丝毫改变的话，那么医生开的病假条也无法真正提供帮助了，到那时他们很可能就会最终滑入心身耗竭的深渊。

至少已经有一些企业认识到，他们必须做出一些改变。英国荷兰合资的日化和食品巨头联合利华如今在对管理人员进行评价考核时，其手下员工的缺勤率也成为了其中一项。"当然，病假率高并不一定意味着管理人员的领导力就差。"联合利华医生奥拉夫·查讷斯基说,因为这毕竟与员工的年龄、性别以及病史等都有关。不过人们还是发现,有不少管理人员在调任新的岗位后,其新团队中的员工患病率几乎和原来的团队相同。如果这个数据持续居高不下的话,那么企业高层就要找该管理人员谈话了。

德国劳动部也非常认真地对缺勤时间进行了统计,结果表明这种由心理引发的疾病对于人类的生产力有着巨大的影响。因为正如那位慕尼黑女设计师一样,患者常常会请长达数月的病假,需要治疗或者疗养,并且在此后也只能慢慢适应职场生活。据估计,在欧洲,由于心理疾病造成的损失每年约为3000亿欧元,而且这个数字还在不断地增加中。

据德国劳动部统计,2001年,由于心理疾病和精神障碍导致的旷工达到3360万天。到2010年,这个数字已经增加到了5920万天,而且还没有将心身症(即主要受心理精神因素影响的躯体疾病)导致的缺勤情况算进去。在2001年,由于心理疾病导致的缺勤占所有旷工总数的6.6%,而在2010年则占比13.1%,也就是说翻了一番。与此同时,心理负荷过重也是导致病退最常见的原因。

世界卫生组织将工作压力列为"21世纪最大的危险之一",这种说法并非没有道理。许多欧盟国家将保护员工免受对健康有损的工作压力纳入法律条款,并且赋予压力和其他职业病同样的地位,因为工作岗位带来的持续不断的压力对健康造成的危害是和噪声、强光以及有毒物质一样的。可惜,德国不属于其中的一员。

"只有当整个社会从根本上改变思想,调整政策,完善社会福利制度并且在法律制度上跟进,才能使工作环境重新变得人性化,符合健康的需求。"德国医师会议在申明中说。然而，对于引发疾病的工作环境与心理疾病出现之间的关系，政界的态度却并不是采取相应措施主动出击，而是不予认可或者矢口否认。

心身耗竭的危险在于：它是潜滋暗长的渐进过程，并且会以千姿百态的形式出现。如果谁出现背疼、注意力集中障碍、消化不良、心跳过速、健忘、头疼、心神不宁或者睡眠障碍等情况，那么很可能表示其身体已经开始反抗持续不断的过度要求、不断出现的挫败，以及得不到认可的失望情绪。

然而，棘手的是，所有这些症状也可能是由完全不同的起因造成的。因此，许多患者很难认识到他们对自我的要求太多了，反而为了对抗内心的空虚和那种毫无意义的感觉以及不断出现的内心矛盾，更加投入到工作中，更频繁地约会，削减休息时间，早晨服兴奋剂，晚上吃安眠药，有时候甚至开始服用更烈的药品。假如无人插手干预，这个循环就会不断持续，直到一切难以挽回。

甚至就连专业人士也常常弄不清楚，他们的病人到底怎么了。其原因也在于，精神病科医生和心理学家至今依然没有对于这种令人筋疲力尽的心身耗竭综合征给出统一的、负责任的定义。心身耗竭，这种完全崩溃的状态根本不适合作为独立的诊断。更确切地说，在《疾病和有关健康问题的国际统计分类》第十次修订本上，它被列为一种导致"生活管理困难"的潜在病因。按照今天的观点，它甚至不再是由于过度投入工作导致的了，因为就连那些从未对自己的工作产生过热情的人也可能出现心身耗竭。

因此，医生只能将心身耗竭这个说法作为诊断的附加内容。事实上，在其背后常常隐藏着一点儿别的东西，大多意味着一种轻度的抑郁症。但是，医生通常不会对病人这么说，因为心身耗竭听起来似乎要更时尚更好，感觉上好像患者很积极而且有事业心、进取心。在他们崩溃垮掉之前，他们曾有过真正为自己的事业激情燃烧的岁月，而不是像许多人一谈及抑郁就联想到的毫无生气和活力的可怜虫形象。很可能正因为如此，医生们都更喜欢给自己的病人下心身耗竭这样的诊断，因为病人更容易接受。

然而，德国对抗抑郁症联盟主席、精神病学专家乌尔里希·黑格尔警告说，人们必须注意的是，不要用这个说法低估抑郁症的风险。因为，对于情况的误判可能会导致采取错误的治疗措施，比如借助一顶小小的黄色帐篷来让自己短暂逃离造成心灵痛苦的日常工作生活环境。

但是，如果造成这种精疲力竭感觉的并非过高的工作要求或者自我要求，而是一种轻度的抑郁症，那么刚刚提及的那种做法恰好可能是错误的方式。"睡眠时间过长或者在床上冥思苦想会加重抑郁。"黑格尔警告说。许多专科医院甚至提供一种清醒疗法来治疗抑郁症，即让病人在后半夜不要躺在床上，而是起床。出去度假也同样不可取，"因为抑郁也会伴随同行"，黑格尔说道。抑郁症患者必须接受治疗，然后那些曾令他们备感焦虑的事情也会重新带来乐趣。

对于仅仅是超负荷的人而言，健康的饮食、运动、放松训练以及新的时间管理模式都可以有所帮助，但这些手段对于抑郁症而言却不再有用，波恩大学附属医院院长沃尔夫冈·迈尔同样发出警告。为了真正长期见效，求医治疗是必要的。

人们可能会认为，在当今时代，抑郁症患者已经可以很快得到帮助，或者他们自己会很快主动求助，因为毕竟心理疾病一直是媒体和公众持续不断的话题，难道抑郁症不应该早就去掉那个"红字"烙印了么？然而，尽管有许多医生愿意提供帮助，也有许多勇气可嘉的患者，比如罹患抑郁症的著名足球运动员塞巴斯蒂安·代斯勒，饱受心身耗竭综合征折磨的传媒学家、脱口秀节目主持人安娜·维尔的女伴米利亚姆·梅克尔，或者同样濒临崩溃的玫瑰骄傲乐队歌手彼得·普拉特都勇敢地将自己的故事公诸于世。但是，依然有许多人一直有这种感觉，似乎心理疾病不同于心肌梗塞那种所谓的经理病（即因工作负担较重、精神过分紧张而引起的循环系统严重失调），是必须保守秘密的。更何况，甚至就连联邦政府也很少把这种心理障碍当一回事。

自2009年起，德国联邦教育和研究部创建了一系列的"德国健康研究中心"。按照前研究部长安内特·沙凡女士在项目宣介会上的说法，其目标是"在一些重要的国民疾病研究方面取得进展"。然而，此后建成的六个中心却都只致力于生理疾病的研究。首批建立的是一个糖尿病研究中心以及一个神经退行性疾病研究中心，其中包括阿尔茨海默症。然后又建立了一个心脏及血液循环研究中心、一个传染病研究中心、一个肺部研究中心，当然还有一个癌症研究中心，但是关于抑郁症却连一个字也没提及。然而就在前不久，一项通过对来自30个不同欧洲国家的数据进行分析的、范围极其广大的调研报告却表明，有超过1/3的欧洲人平均每年出现一次心理问题。也就是说，心理疾病可谓是一种真正的国民疾病。

心理疾病会急剧降低人们对于生活的期望值，其严重程度超过了所有其他病痛，这是不久前由精神病学家汉斯-乌尔里希·维特新和心理学家弗兰克·雅各比领导的一个国际研究小组的调研报告得出的结论。而且对于一个原本身体健康没有大问题的人而言,心理疾病很可能会大幅缩短其寿命。

其中尤其常见的是恐惧症,有14%的国民遭到过其折磨。紧随其后的是失眠(7%)、抑郁(7%)、心身症(6%)以及酒精和毒品依赖症(4%)。女性显然更经常出现抑郁、惊慌失措以及偏头痛,而男性则更常出现酒精依赖症。

尽管其蔓延速度的确非常惊人,但是总的来说,也并不像媒体上经常报道的那样,心理疾病变得越来越多了,只不过是抑郁症患者增多了。而且,令研究人员非常吃惊的是,患者的年龄变得越来越小。"我们发现,18岁以下出现非常明显抑郁症状的患者人数大约是原来的五倍。"汉斯-乌尔里希·维特新说,否则研究人员也不可能确定这种戏剧化的发展趋势。更确切地说,出现心理疾病的人数只是在"二战"结束后的几年轻微上升,然后又下降了。

但是,因为心理负荷过重而开病假条的情况却很可能大幅增加了。因为据维特新和雅各比估计,目前接受治疗的患者人数大概连1/3都不到。许多人往往要在患病多年以后才会去接受治疗,这其实是为人们的心理健康而战的真正困难之所在。按照维特新的说法就是:问题意识太低。

不过,抑郁症这个词渐渐越来越多地出现在了诊断书上。雅各比说,20年前,家庭医生在遇到抑郁症患者时最多只能诊断出1/2,而现在他们能鉴别出2/3这样的病人。

在当今的工作生活环境中,有心理问题的人很可能也更容易被察觉。因为现代化的工作任务常常要求很高,一个有心理疾病的人几乎无法胜任。对于一个轻度抑郁症患者来说,收割干草要比和一位难缠的客户进行商务谈判更容易做到，而在诸如流水线这类结构性很强的岗位工作也常常比在服务性行业或者艺术领域工作更容易撑下去，因为后者对于个人的动力、创造力和应变能力要求更高。因此，如果自己的力量已经不再足以胜任工作的话，患者本人也很可能会更快地察觉到。

心身医学家们越来越多地发现，在身体疾病的背后常常隐藏着心灵的超负荷。他们的专业就是观察这种由心理引发的身体病痛，这一学科领域才形成20来年，但如今已经没有人再怀疑心灵的负荷痛苦会对人的身体产生强烈的影响。其中有些影响甚至令人吃惊，比如人们发现，抑郁甚至令骨萎缩的风险增大。

但首先受到损害的无疑是心脏，如今已经有无数的研究报告证实了这一点。也就是说，工作压力过大的人遭遇心肌梗塞的风险比没有压力的人高一倍，而抑郁症则甚至可能使心肌梗塞或者中风的风险翻番。与此同时，心理状况同样在很大程度上对能否治愈疾病产生影响。对于一个合并抑郁症的中风患者而言，其死亡率比一个没有情绪疾病的中风患者高三倍，这是南加利福尼亚大学的科学家在不久前提出的报告。

来自心理、心脏以及大脑的疾病之间究竟是怎么关联起来的，关于这一点迄今依然没有完全研究出来，但是已经有无数种解释的可能性。因此，心灵的痛苦完全有可能直接对人的身体产生生化作用：抑郁影响大脑中负责传导信息的神经递质的分泌，同时也提高了血液中炎性因子的水平，如C反应蛋白（C-reaktives Protein）、白细胞介素-1（Interleukin-1）或者白细胞介素-6（Interleukin-6），而这些都已经被证实会导致很高的中风风险。

但是，这些也可能是间接的传导机制。因为患有抑郁症或者其他心理障碍的人常常不太关心自己的健康，他们缺少运动的动力，也不注意饮食或者戒烟，所有这一切又会反过来导致高血压和糖尿病，而这些又是众所周知的会引发心肌梗塞或者脑梗塞风险的因素。

"但是，不仅避免负面状态很重要，还应该促进舒适愉悦的状态。"哈佛大学的尤莉亚·柏姆女士强调说。这位流行病学家在不久前发表的一篇针对近8000位伦敦公务员的研究报告令人震惊。她的这篇论文是著名的英国白厅研究的一部分，白厅研究是一项从1967年开始的针对身体健康与社会环境之间关系的研究。根据柏姆的研究结果，幸福的工作人员的心脏要比不幸福的好。也就是说，感到满意的人群罹患心肌梗塞的风险要比不满足的人群低13%。"不仅对工作的满意度是一个重要的影响因素，而且还与爱情生活、爱好以及生活水准等方面的满意度也有关联。"柏姆女士说。因此，这位科学家建议，当医生在和自己的病人谈及心肌梗塞的风险时，不应该仅仅考虑高血压、超重以及尼古丁上瘾，也要关注心理状态。

但是，正如前文所说，这也在很大程度上与压力的种类有关。按照人们的想法，当美国总统的压力想必是致命地大吧，而且仔细观察一下，就连克林顿和奥巴马的头发不也似乎是在入职后才突然变得花白了么？但是不管怎么说，总的看来，美国总统并没有患上重病，他们的寿命和别人一样长。人口统计学家斯图尔特·欧尔山斯基将从乔治·华盛顿开始至今为止已经去世的美国总统与其同年出生的男性的平均寿命进行了比较（当然不包括那四位被谋杀的美国总统），结果表明，总统们的平均寿命是73岁，而普通人的平均寿命是73.3岁。

在此或许可以从那些罹患心身耗竭综合征和抑郁症的知名人士的例子推出结论，处于顶尖位置的人似乎更容易出现心理障碍。但是，莱比锡精神病学家乌尔里希·黑格尔教授强调说，心身耗竭综合征根本不是经理病。因为最大的压力并非来自于压在自己身上的工作，而是那种被驱赶的感觉。因此，最没有话语权的人受到的压力反而最大，比如那些被自己的上司管头管脚并且感觉受到束缚控制的人，那些无法转变自己立场态度的人，那些无力面对物质损失的人。最容易造成压力的情景就是我们毫无影响力——无论是真实的还是臆测的。

但是，无论数字有多么可怕，有一点是确定的：并非每一个经历过焦虑、压力和严重危机的人都会出现身体或者心理上的病症。许多人甚至会因此变得更健康，而我们能够学习他们的恢复力。

自我测试：我的压力有多大？

每个人都会有那么一点儿压力，问题是到底有多严重呢？奥地利心理学家、林茨大学心理学暨教育学研究所助理教授维尔讷·施坦格尔先生也很想了解这一点。他设计了一张调查表，可以为这个重要的问题提供一个有说服力的答案。另外，在他的个人主页（http://arbeitsblaetter.stangl-taller.at/）上还给出了其他方面的一些测试，如关于注意力、性格特质、愿望、兴趣、自控力以及学习类型等等。

那么现在回到心理压力测试这个主题上：请回答下列 40 个问题——不要遗漏任何一个！否则的话您就无法得出正确的测试值了。请按照您目前的个人情况来回答问题。

		是	有时	不
1	您的体重超过正常值 10% 以上吗？			
2	您经常吃甜食吗？			
3	您吃许多高脂肪的食物吗？			
4	您很少运动吗？			
5	您每天抽烟超过 5 根吗？			
6	您每天抽烟超过 20 根吗？			
7	您每天抽烟超过 30 根吗？			
8	您每天喝 3 杯以上浓咖啡吗？			
9	您的睡眠质量很差或者很少吗？			
10	您早晨感觉"非常疲劳"吗？			
11	您服用镇静剂、安眠药或者精神类药物吗？			
12	您很容易头疼吗？			

(续表)

		是	有时	不
13	您对天气敏感吗?			
14	您有轻微的胃疼、便秘或者腹泻吗?			
15	您容易感到心脏不适吗?			
16	您对噪声敏感吗?			
17	您在静止状态时的脉搏超过80次/分钟吗?			
18	您的手心容易出汗吗?			
19	您经常激动、紧张忙碌、不安吗?			
20	您在内心抗拒您的工作吗?			
21	您不喜欢您的上司吗?			
22	您对自己的境况不满吗?			
23	您很容易生气吗?			
24	您令自己的同事反感吗?			
25	您在工作中表现得过分细致吗?			
26	您的好胜心很强吗?			
27	您有一定的恐惧不安或者负担压力吗?			
28	您很容易不耐烦吗?			
29	您感到做决定很困难吗?			
30	您容易羡慕或者猜忌别人吗?			
31	您很容易嫉妒吗?			
32	您觉得自己的工作负担很重吗?			
33	您经常处于短暂的压力中吗?			
34	您有自卑感吗?			
35	您不信任别人吗?			
36	你跟周围的人接触很少吗?			
37	您无法再对生活中的小事感到高兴吗?			
38	您坚信自己就是倒霉鬼或者失败者吗?			
39	您害怕未来吗(友谊、家庭、职业)?			
40	您感觉很难放松休息吗?			

测试结果分析

请在符合您情绪的选项上打分,"是"得 2 分,"有时"得 1 分,然后将总分合计后再对照下表分析:

分 值	结 论
<19	您目前压力很小并且有抗压能力。
20—26	您目前有轻微焦虑,应注意分析引起自己焦虑的具体原因。
27—33	您目前承受的压力中等,应注意有规律有计划地自我减压放松,并且努力减少持续的压力源。
34—41	您目前压力很大,急需有计划地系统性减压放松,并剔除生活中让您持续受压的因素。
>42	您目前的压力已经持续很久,长远来看需要改变生活方式。假如您个人无法改变,应向医生或者心理咨询机构求助。

人类及其危机

强大的人是存在的。当他们失去工作岗位、心爱的伴侣甚至近乎失去整个人生时,他们会找到新的勇气。一种源自心灵深处的神秘莫测的力量令他们不会放弃,而是向厄运发出挑战,最终甚至比以前过得更好。然而对于自己当时的心路历程,这些具有强大恢复力的人却常常无法对外人解释清楚。只有从他们的只言片语中才能察觉,他们为什么会与其他大多数人不同,能够在人生的最低谷重新点燃希望的火花。近几十年来,科学家们越来越致力于探究这些强者的秘密,希望能为全人类所用。心理学家和教育家以那些关于强者的报道为基础,同时借助于巧妙的大规模科学调研,尝试揭开这个秘密,破译出有哪些性格特质能够帮助危机中的人们重新鼓起勇气。

人生会对我们每一个人都提出无数挑战,沉重的厄运以千姿百态的面目粉墨登场。按照我们西方世界的一般观点,最大的个人不幸通常包括严重的疾病,财政危机,亲人去世,失去家乡、自由或者身份以及在工作中总是得不到认可,被强奸或者发生严重的交通事故,等等。在遭遇这些不幸事件时,人们通常都需要拥有足够的心灵恢复力才能避免被彻底毁掉。可以说,每个在职场中拼搏的人、每个恋爱中的人甚至每个成功的人都需要这种神奇的力量。

作者希望通过本章精心挑选的真实案例来说明,这些强者是怎样从形形色色的危机中成功脱逃的,原汁原味地再现了相关人士的心路历程和经验总结:他们认为自己是怎样成功克服那些起初看起来简直是难以承受的命运打击的？他们是否也曾怀疑，真的能够在遭遇绑架、失去孩子或者其他毁灭性的打击之后重新变得幸福吗？在他们的周围环境中，有哪些因素以及他们本人有什么样的性格特征曾帮助过他们？

显然，无论是当事人还是其周边亲近的人都会对此有自己的看法。如何应对命运的打击是极其个性化的事情，因此有哪些不幸会突袭哪些人也并非不重要的信息。在失去至亲以后重新找到了生活勇气的人，却不一定有勇气面对身体瘫痪或者工作上的挫折。

但是，尽管存在所有这些个性化差异以及样本的多样性，本章所叙述的人生故事依然点亮了一盏灯，让我们看到有哪些最重要的性格特质有助于构建强大的内心。这其中既包含构建可靠社会关系的能力，也包括自信、智慧、愉悦、执行力、力量、自我认知、抗挫力以及能够在人生中有所追求的意识。而且，能够基本上做到坦然面对人生变化也很有助益，以既来之则安之的心态，在万不得已时直面那些原本无法令人高兴的事。

要成功克服危机并不需要人们同时拥有上述所有这些性格特质，正如下面这些例子所展示的，常常只需要具备其中少许坚强的特质就够用了。关键在于，在遭遇危机的时候，人们要弄清楚自己具备哪些个人资源，以及如何才能在遭遇挫折和不幸时从中获取力量。

孤苦伶仃的母亲

当年仅三岁的丹尼斯被诊断患上癌症时，他的母亲根本没有预料到，命运之神还将为她准备另外一份更加残酷无情的考验大礼。丹尼斯并没有死于癌症，当医生通过手术成功摘除他脑部大约五厘米大的肿瘤之后，这个三岁的小家伙甚至恢复得特别好。"肿瘤已经百分百完全摘除了，一切都看起来特别顺利。"他的母亲乌特·霍恩沙德用一种特别高兴的银铃般清脆的声音叙述着，从中根本听不出她在孩子出事之后曾遭遇过怎样的磨难和挑战。

刚开始，命运之神看起来似乎很眷顾她的家庭。在1997年动完那次大手术之后，丹尼斯已经可以自己动手把奶嘴塞进嘴巴里，可以自己玩儿童拼图，可以自己把录音带塞进录音机里放歌听。当医生移除他身上的导管时，被弄痛的小家伙甚至有足够的力气表达自己的愤怒："蠢妈妈！"他生气地叫嚷。丹尼斯的父母为此感到无比幸运，几乎喜极而泣。

然后没过多久，命运却重新发生逆转。病房里非常暗，实在太暗了。丹尼斯病床旁边的小灯已经坏掉好几天了，护士又不愿意在夜里开病房的大灯，担心会影响孩子睡觉。一天夜里，当一位护士走进病房查看孩子时，丹尼斯的母亲对她说："您还是把灯打开吧。"也许是她的一种预感吧，觉得这种忙碌的工作似乎不适合在黑暗中进行。但是这位护士没有打开灯，结果犯下了一个致命的错误。

放在丹尼斯床头柜上的两种药距离实在太近了，近到如此容易拿错，尤其是在这样一个没有灯光的房间里。可怕的事情就这么发生了：护士原本应该将抗生素溶液注入丹尼斯的静脉输液泵，结果却错拿了旁边的含有钾的针剂。于是这种矿物质就迅速地奔流进了小家伙的胳膊里——以每小时80毫升的速度而不是原本的3毫升。要知道，美国用来执行死刑的注射毒针中的钾的含量还不到这一半。

丹尼斯的心脏毫无抵抗地停止了跳动。在长达48分钟的难以忍受的时间里，他的脑部处于缺氧状态。虽然医生们后来还是成功地将这个三岁的孩子抢救了过来，然而他却再也没有真正苏醒，也无法与人交流。自此以后，丹尼斯不断地出现痉挛，看起来似乎一直在忍受着某种难以言说的痛苦。他没办法尖叫，但他的小身子会扭曲成令人难以想象的形状。"我们当时一直处于恐惧中，因为他看起来仿佛随时都会突然发作。"他的母亲说。

"很快，这件可怕的事情就真的出现了。"霍恩沙德叙述道。医生给丹尼斯的脑部做了核磁共振成像，结果明确显示：这个小男孩成了植物人。从他的脑部出现的大范围受损情况来看，重新恢复意识的可能性已经微乎其微。

"我们刚陪着丹尼斯回到病房，门就突然被打开了。一位主治医生及其随行人员走了进来。"乌特·霍恩沙德回忆着，"他一直走到我的面前，目不转睛地盯着我的眼睛说：'丹尼斯再也不能坐起来了。他再也不能说话，再也不能走路了。您还是把他领回家，让他过上几天好日子吧。'"他那带着法兰克福口音的话"像鞭子一样"抽向乌特·霍恩沙德和她的丈夫于尔根。"他下了死刑判决书，而我们走向了断头台。当时他的话在我们听起来就是如此具有毁灭性。"

最后，霍恩沙德一家还是按照那位缺少理解和同情心的医生的建议做了。他们带着丹尼斯飞回了位于叙尔特岛的家。几个月后的一个夜晚，小家伙在自己的小床上离开了人世，他那张因为痛苦而颤抖的小脸终于得到了彻底的放松。

如今丹尼斯已经过世16年了。假如他还活着的话，现在已经长大成人了。他的母亲的声音却听起来快乐而轻松，充满对生活的热爱和活力，即便是在回忆1997年那段不堪回首的悲惨经历时也是如此。这一点无疑引起了听众们的注意，一个曾遭遇如此巨大的命运打击的人是怎样放下痛苦和悲伤的呢？

"这是可以做到的，"乌特·霍恩沙德说，"你们可以重新变得幸福！"对她而言，这是她想与那些同样遭受命运考验的人分享的最重要的经验。"处于极度悲伤和绝望中的人们难以想象这一点：将来有一天自己还会重新变得幸福——无论命运的打击有多么巨大。"这位现年58岁的女士对此深信不疑。

关于这一点，就连乌特·霍恩沙德本人刚开始时也是无法相信的。在那起医疗事故发生之后，这位原本十分热爱生活的高挑女士被摧毁了。"整个家庭都陷入悲伤之中。"她说。丹尼斯是她唯一的儿子，上面还有三个女儿，最大的现在34岁，最小的22岁。他们家是那种典型的"加利福尼亚家庭"，电视牧师于尔根·弗里格曾这样称呼他们。没有任何事情能够打倒他们——这个笑容灿烂、拥有金色头发和棕色皮肤的冲浪家族。丹尼斯的父亲是一位世界级的冲浪选手，曾经因为在北海训练时出现失误，导致两侧颈椎受伤，整个脖子差点儿断掉，却还是幸运地活了下来。然而好运似乎到此为止了，在那一段日子，他们全家除了哭泣什么也做不了。直到有一天，于尔根·霍恩沙德做出决定。"在最糟糕的时刻，"乌特·霍恩沙德说，"我们全家一起躺在我婆婆位于叙尔特岛的家中的浴室地上，这时于尔根说了一句话：'很希望我们全家能重新变得幸福！'"

刚听到这句话时，乌特·霍恩沙德非常生气，要知道她失去了自己的孩子啊。但是接下来她明白了，的确不能再继续这样下去了，她的悲伤对任何人都没有用。"我们决定，现在该放下悲伤了。"她说。他们决定在西班牙加利群岛的富埃特文图拉多开一个冲浪用品商店，因为他们以前在那儿就有一处过冬的房子。每天上午，于尔根就会一头钻进他那个高科技装备的作坊，在那儿手工制作自己开发的价值很高的冲浪板。家里的女士们也开始尝试绘画等创作活动，甚至设计出一种独特风格的时尚收藏品。

全家都有意识地去发现生活中美好的事物，包括大海和落日，以及开始在大型冲浪比赛中崭露头角的女儿们的成功。当他们在清晨的海边慢跑的时候，幸福感油然而生。"但当时我们也很自私地不去关心朋友们遇到的各种问题，也不再看负面新闻报道，"乌特说，"这样做将我们从人生低谷中拽了出来。"

通过这种有意识地剔除负面信息的方式，他们渐渐地开始感觉生活好了起来。其中非常重要的一点是全家同心协力，互相帮助，彼此给予力量和安全感。"我们是一个真正的家族！"其实早在丹尼斯住院的时候，医院的护士们就已经对此感到吃惊了，这样一个家有癌症病儿的家庭怎么会看起来那么快乐呢。而且他们总是彼此拥抱，传递一种很好的情绪氛围。"人们必须学会适应新的环境和情况，并且发现其中最美好的一切。"乌特·霍恩沙德这样说。

不知从什么时候开始，乌特·霍恩沙德身上注入了那么多的力量，她甚至又有能力应对一场充满痛苦的战斗了。虽然她没有办法再为自己的儿子做任何事了，但是至少不能让他的过早离世变得毫无意义。她希望可以借此不再让更多的人遭遇类似的痛苦命运，她要唤醒人们对于医疗事故及其影响的意识，并且努力促成医院建立医疗失误登记表来避免医疗事故的发生。因此，霍恩沙德家对试图隐瞒医疗事故的法兰克福大学附属医院提起了诉讼。诉讼长达数年，其过程简直堪比侦探小说：医疗档案消失，证人胆怯退缩，法官的不公正，等等。毫无顾忌的医生们试图欺骗霍恩沙德一家，让他们相信小家伙是因为脑瘤复发而死亡的，不是因为输液错误。

在长达七年的时间里，乌特和于尔根为获得真相而战斗着。乌特·霍恩沙德甚至还为此写了一本书（《三个孩子和一个天使》）。法庭最终判决，丹尼斯是由于医疗事故而死亡的。这位母亲并不心怀仇恨——即便是对那个犯了致命错误的护士，他们也早已原谅她了。"护士、医生以及教授们都曾给予我们许多帮助，我们对此感激不尽。"她在书的前言中这样写道，"我们只是针对这种对医疗事故的隐瞒行为，正如在我们的儿子丹尼斯身上所发生的事。"霍恩沙德家获得了医院四万欧元的赔偿金，但他们全部捐献了出来，其中一半捐给了这起事故的发生地：法兰克福大学附属医院的癌症研究所。和解很重要——和伤害自己的人和解，和命运和解，这位母亲说。

"挫折厄运是人生的组成部分，它伴随着我们，但同时也能促成改变。"乌特·霍恩沙德的话语中毫无痛苦厌世的感觉，"一旦人们战胜了这一切，就会获得人生的快乐，能够更好地应对日常生活。我们已经明白，我们能够忍受很多不美好的东西而不会因此被摧毁。它令人坚强。"

现在，她说，她只能对人们提出这样的忠告："做出一个决定，正如我们当年所做的，一个不顾一切的极端决定。"能否结束一场危机也与人的意志有关。"这很费脑筋，有好多事需要考虑。人们必须做好准备,才能更好地克服危机。"在这种时刻,开启一个新的人生阶段常常会有所帮助。目前,乌特·霍恩沙德又为自己发掘了一个新的兴趣点。"我现在在做模特,高龄模特。"她说,"能够从事这样古典、优雅、美丽而又轻松愉快的职业多棒啊!而且我知道,我可以做到。"

自我剥削者

他旋风般地又回来了,正如他离去时那样。2011年9月末,拉尔夫·兰尼克,这位德甲球队沙尔克04俱乐部的主教练宣布由于健康原因辞职。作为一个强悍的领域中最强悍的人之一,他如今却宣称自己心身耗竭,没有胃口,几乎无法进食,也无法入眠。兰尼克说,他感到自己的精力严重不足,已经无法再继续带领球队征战赛场了。

而仅仅九个月之后,在2012年6月,这位出生于施瓦本的男子汉就重返了足球大舞台。兰尼克同时成为两家足球俱乐部的体育总监:多次荣获奥地利足球比赛冠军的萨尔茨堡红牛足球俱乐部和莱比锡红牛足球俱乐部。"今天将开启新纪元。"兰尼克在走上新的工作岗位时说。他感到自己又充满激情了,他保证道:"我的感觉前所未有地好。"

一直以来,兰尼克都被视为一个精力充沛的人,并曾以"足球教授"的身份被载入德甲历史。这个称号源自1998年,当时正在执教乌尔姆青年队的成功教练兰尼克曾在德国ZDF电视台的一档体育访谈节目中,手持一块磁力战术板,很专业地讲解足球理论基本知识。他阐述着自己崇尚的平行四后卫和区域防守战术,说明为什么自由人战术不再适合现代足球。当时的他看起来是那么全神贯注,那么认真仔细,并且好像有那么点儿处于强迫症的边缘。如今回想起来,其实当时的情景就已经清楚地预示了:这个男人全身心地致力于他的事业目标和理想,而为此要付出的却可能是自己的人生幸福。

不久后,兰尼克,这位自我剥削者,就取得了他期待的成功,成为一名最独具风格的德甲教练。这位在大学主修体育和英语教学的人带领霍芬海姆——一支地区联赛的三级球队,一路高歌猛进,成为德甲一梯队的一员。兰尼克不仅要求球员竭尽全力,同样也以不断挑战自我极限而闻名。他追求完美且坚持原则,因此他在那些别人视为小事的地方同样耗费了大量的精力。甚至就连订宾馆这种小事,身为教练的他也都亲力亲为。让自己"断电"休息一下简直是他无法想象的事。"在有些事情上我的确很严厉,"兰尼克曾在几年前承认道,"如果我懒散,就会感到不舒服!"

他从不掩藏自己极其突出的好胜心。他很乐意讲述自己的轶事:孩童时期的他是怎样开着他的玩具车到处横冲直撞的,仅仅是因为在和自己的爷爷比赛时输了。失败这种事看起来和他很不搭,然而这在竞争激烈的足球领域原本是多么常见的事!"拉尔夫是那种总是付出百分之两百的努力以求取得最佳效果的人,而且大家都知道,他对身边的人也有同样的期待。"他的顾问奥利弗·明茨拉夫说。

但是,突然之间这行不通了。兰尼克感觉自己筋疲力尽。尽管这位野心勃勃的教练花了数个星期试图解决问题，但是在2011年9月，沙尔克04的队医托斯滕·拉雷克（Thorsten Rarreck）还是做出诊断，兰尼克出现了植物性心身耗竭综合征。拉雷克后来说，他很努力才说服兰尼克接受这一结果。但是最后这位教练不仅对这个诊断解除了顾虑，还欣然接受了队医的建议，暂停工作一段时间。

拉雷克强调说，兰尼克的情况"不是单纯的小问题"，因此"必须立刻停止工作"。就连兰尼克本人后来也说："停下脚步虽然残酷，却有必要。"只有自己点燃，才能释放火花，可是他却感觉仿佛有人将自己的插头拔掉了。"人们总是想着要咬紧牙关，但是不知从什么时候开始这行不通了。"他说。他的验血结果"糟糕到极点"，荷尔蒙紊乱，免疫系统瘫痪，"这是一种完全彻底的身体崩溃"。

其实早在几个月前，他就已经感觉自己的状况不太对了。因为在他于2011年3月接受沙尔克的教练一职之前，他实际上就已经有较长一段时间感觉自己的心灵在罢工了。在一月份离开他之前的东家霍芬海姆足球俱乐部时，他就想好好休息几个月，但是紧接着沙尔克就找来了，提出要么现在接棒，要么就再也没有机会了。于是兰尼克接受了。尽管他的内心处于很空虚的状态，但他硬撑了下来。"他的自我要求实在过高了。"队医拉雷克说，"我将他的状况与一名训练过度的运动员进行了对比，发现他的整个身体已经透支。"

兰尼克很可能根本不会将这种巨大的压力表现出来，他只会对自己施压。尽管他取得了巨大的成功，却几乎没有获得一个头衔，很可能这一点也深深打击了他。虽然他带领沙尔克进入欧洲冠军联赛半决赛，带领霍芬海姆取得秋季冠军，但这总是仅仅达到他期望值的一半。从事创作和顶尖运动的人特别容易陷入完美主义的泥潭，他们享受成功的喜悦，但同时也会对失败感到自责。剥削者和被剥削者就这样在同一个人身上以一种荒谬的方式共栖共存。"他是一个有很大威力的人，但正因为如此，他也受到伤害。"队医拉雷克强调说。

而且，兰尼克无疑是敏感的，外界的批评常常会令他情绪化，感到受伤。他到底有多敏感，这一点从他父亲2010年住院一事带来的影响就能看出。当时那件事曾让他数个星期感同身受，疲惫不堪。不仅如此，甚至就连一个朋友罹患癌症也会让他感到压力。甚至，这位足球教练从未真正属于他的球队。当他的球员们喝着啤酒狂欢时，兰尼克却总是看上去给人一种奇怪的孤单感。也许，这样的事也会令他饱受折磨。

在重新踏上征程之初，兰尼克看起来似乎并没有吸取太多教训。他又开始设立惊人的目标，要率领莱比锡区域球队联盟"在一年内进军德甲"。尽管这几乎是完全不可能实现的事，他却说："我坚信，只要制订好框架，创造条件，就可以得到很快的发展。"这种话听起来似乎已经为下一次的崩溃埋下了伏笔。

不过，兰尼克如今已经知道如何克服自己的危机。"不对一些根本性的东西做出改变是行不通的，"他在一档体育访谈节目中曾这样说道，"这其中包括如何适应休息，真正科学地进食，以及保留自我运动的时间。"他希望在未来不断地奖赏自己一些暂停时间。"必须始终坚持给自己这样的暂停时间，这是至关重要的。"对他而言，这两个概念可能有了新的意义，即自控和授权。"吃饭的时候不再把手机放在餐盘旁边，而如果回到家里和家人团聚，也可以把手机关掉。"兰尼克说,"人们必须学会爱护自己,尤其是对于从事我这种工作的人。"

队医拉雷克也对兰尼克的痊愈持非常乐观的态度。"兰尼克从来都不是那种会让自己被卡住的人,他会积极地战胜困境。"他解释说。更何况兰尼克还具备许多优秀的品质,并且有非常聪明的头脑。"他会在休息一段时间后重新恢复原来的好状态。"拉雷克早在宣告兰尼克患上心身耗竭综合征的同一天就曾这样预言。

被逐出家园的人

埃文(化名)曾是阿道夫·希特勒后备军中的一员。在他19岁那年,元首决定,要将他这样的预备军人也送上战场,妄图颠覆所有人的预测,取得他的最后胜利。在此之前,埃文一直在波莫瑞的乡村过着宁静安逸的田园生活,他的父母在那儿拥有一座很大的农庄。正如这个地区的许多德国人一样,他们家是特别富有的农庄主,而且他也和其他农民家庭中的小儿子一样,被幸运地免除了上前线的义务。如果家里的长子已经上前线为祖国而战,小儿子就可以留在家里帮忙收割庄稼。因此,即便是在"二战"这样的特殊时期,埃文依然过着一种难得的和平生活。但是,到了1944年至1945年的冬天,他也必须上前线了。他一直害怕战争,然而在寒冷彻骨的远东战壕里经历的一切却比他想象的还要可怕得多。

几乎在长达10年之后,埃文才得以回家。然而,究竟哪儿才是他的家呢?波莫瑞早已成为波兰的国土,父母的大农庄也被没收。

埃文先是在战壕里经历了无法描述的恐惧，亲眼目睹战友们的惨死景象，后来又被关进了爱沙尼亚的劳改所，被迫拖着一副极度营养不良且几乎被冻僵的身体为苏联人干活。

现在，在1955年的夏天，他终于从战争中归来了。他花了很长时间寻找父母，可是他的母亲已经死于逃难途中，最后他终于在马格德堡附近的一个小农场里找到了自己的父亲。那个农场属于埃文的舅舅，于是埃文和他那同样从战场上幸存归来的哥哥也留了下来，并且在那儿一直待到生命的终点。

他娶了邻村的一个女孩，她是埃文的挚爱。但是这对他而言其实并不是一件容易的事，因为他的岳父对这个一无所有的家伙很不满。他原本在波莫瑞拥有房子和农场，如今却不得不将所有财产都统统抛下，到自己舅舅家的农场当个工人。埃文的岳父从未接受过他，甚至从未和他说过一句话。

尽管如此，埃文和妻子还是非常幸福。他们虽然并不富裕，但是过得还不错，生了两个孩子，一个儿子和一个女儿。但是，后来一场致命的疾病突然降临这个家庭，当时还不到30岁的妻子死于白血病。埃文不得不独自抚养两个年幼的孩子，他这个被无视的女婿当然也从未得到岳父一丝帮助或者经济上的支持。那么，他到底该怎样养大孩子呢？

那些同样来自波莫瑞的老乡给他出了个主意，他们把埃文和布里吉特（化名）撮合到一起。这两个人不正好遭遇了相似的命运吗？布里吉特也同样出生于德国东部的一个大农庄，她是西里西亚人，9岁时和家人一起被迫离开了自己的家园。埃文和布里吉特果真一见如故，他们结了婚，又生了一个儿子。他们彼此理解，但是在共同生活期间，他们在一件事上却总是意见不合，那就是：如何看待失去的家园。

直到40年后，在埃文和布里吉特家那幢小房子的墙上依然挂着一幅画，画上是布里吉特生活过9年的那个西里西亚的农庄。几乎每天，她都要絮叨自己孩提时失去的一切。和埃文不同，她从未原谅过夺去了自己家园的波兰人。对她而言，祖辈留下的农庄不仅仅是自己的故乡，更是自己的家园，或者说是一种经济上的保障。那是她曾隶属于一个特殊阶层的标志，这种损失是她难以承受的。她似乎不仅是被从祖辈的农庄中驱逐出来，而且还被剥夺了幸福。

埃文却相反，他总是谈及波兰人以及爱沙尼亚好的一面，甚至包括曾拘禁扣留他那么多年的俄国人。对他而言，他遭受的其中一些人的粗暴对待并不能成为仇恨和痛苦的理由。可怕的战争曾是他人生故事中的一部分，但不能再成为日常生活的组成部分。对他来说，自己家族曾经拥有的农庄已经成为了历史，岳父的冷漠对待虽然令人寒心，但也是无法改变的，妻子的过早离世同样也不可逆转。

当埃文叙述自己在监狱中遇到的一些朋友时，他的眼睛闪闪发光。他用俄语讲笑话，而在讲述自己如何寻找父亲，以及母亲在逃难途中离世这样悲伤的往事时，都只是匆匆带过，并且没有表现出怒气。他将重点放在描述自己的幸福上：最终还是找到了父亲。

即便到了80多岁，埃文还是能像孩子一样高兴。"这就是生活，该来的总要来的。"他总是这样说。而且，"人生会书写自己的历史"。他的人生无疑不断地遭受命运的打击，但对他而言这很正常。

他不会因此抱怨,而且他也没有觉得别人应该为自己的不幸负责。他比他那小 10 岁的第二任妻子多活了很多年。

失去了身份的女人

居然几乎看不到她流露出激动愤怒的情绪,这简直令她周围的人感到愤怒了。毕竟报纸上经常长篇大论,而且还有科学调查的结果也都表明,当人们突然不再知道自己究竟身出何方时,几乎所有人都会因此陷入混乱之中。有时是 DNA 检测揭露了真相,有时是父母终于决定公开掩藏已久的秘密,结果让人们措手不及,因为突然得知自己是被收养的,或者是某次出轨外遇的产物,或者是用了精子库的某个陌生人捐献的精子。突然之间,几乎人人皆知的事情对自己而言却变成了空白:我的父母究竟是谁?谁是我的父亲?他长什么样?我跟他像吗?总之一句话:我从哪儿来?

而来自慕尼黑的扎比内(化名)则是在一种怪诞的非常规的情况下得知这件事的,简直可以说,是长期被迫沉默的潜意识终于忍不住要开口发言了。"啊,这可真有趣。"扎比内的母亲突然非常吃惊地叫了起来。当时扎比内的女儿刚出生几个星期,她和母亲正一起坐在那儿看医院发的记录血型等数据的孕妇证、超声波照片、写着名字的小手环等作为怀孕和生产时美好回忆的小物品。就在这时,刚刚荣升外婆的扎比内的母亲突然注意到本子上记录的血型。"这可真好玩,"她说,"你居然是 B 型?我和你老爸两个人都是 A 型!"

扎比内也觉得这很有趣，但不太好玩。作为一名自然科学家，她很清楚这是不可能的事，肯定有什么地方出错了。要么是医生检查时弄混了病人的名字，要么她不是父母的亲生孩子。扎比内没法对此事置若罔闻，置之不理。这不就是常听到的那种老掉牙的故事吗，关于在医院里出生时被抱错了之类。于是，她决定把这件看似无稽之谈的事情调查清楚。

刚开始的时候，她的父母觉得完全没有必要。科学也可能出错的嘛，他们说。世界之大无奇不有，总是有些事情是无法通过科学解释的。更何况，那个给扎比内验血的妇科医生是一个众所周知的酒鬼，在他的诊所是很容易发生这种小错误的。但是，有没有可能自己的父亲另有其人？这不可能，他们说。他们可是对彼此非常忠诚的，父母二人都这样保证。唯一促使扎比内坚持追寻真相的原因，是她想弄清楚是否有可能自己在出生时被抱错了。因为当扎比内刚出世时，助产士先是祝贺扎比内的母亲喜得贵子，可没过一会儿又来到产妇病床前告知其实她生的是个女孩。

在接下来的几个月里又做了一系列血型检测分析，结果表明原来的血型检查没有错。紧接着，两份基因检测报告将真相大白于天下：扎比内是母亲的女儿，却不是父亲的孩子。这个结果是她没有预料到的，尤其是她的母亲一直坚守那个谎言，说自己对婚姻绝对忠诚。直到基因报告出来后好几个月，她才突然想起来早已被自己忘到九霄云外的年轻时的一次外遇。

自己居然不是父亲的亲生孩子——尽管这个令她完全惊呆了的消息的确触动了她，却并没有令她脱离自己生活的正常轨道。在她看来，她和抚养自己长大的父亲之间的关系并没有任何改变。虽然这个消息无疑令他受到沉重的打击,他看起来心烦意乱,惊慌失措,并且总是担心从此以后无法再被自己的孩子接受。

扎比内的朋友和姐妹也总是不断地问她是不是感到非常混乱,是否会设法找到生父,还认为她必须开始"寻找内心深处的自我"。扎比内的养父几乎被这个刚出炉的真相摧毁了,而她却感觉对她而言,实际上没有任何本质上的改变。这个消息虽然进了她的大脑,却没有触及她的心灵深处。"我还是我自己,"她坚定地说,"只不过我的父亲另有其人,但这又不会改变任何事。"

然而对于大多数人而言,如果在生活中遇到类似的事情,他们的看法却会和扎比内完全不同。比如有一位名叫索尼娅的女士,当她在27岁时得知自己是一个精子捐献者的孩子时,就陷入了这种突然迷失身份的危机中。得知真相的那一天是"我人生中最糟糕的时刻",索尼娅在网上写道。她感觉就好像"自己的生存基础被夺走了"。就连德国联邦宪法法院的法官们也意识到这个问题,早在1989年就宣布,所有人都有权知道自己的出身。基于这个原因,偷窃婴儿以及匿名生产一直饱受批评,而且现在德国已经禁止匿名捐献精子了。这是正当的,家庭疗法专家佩特拉·托恩说,有许多类似这样突然迷失了身份、不知自己身出何处的当事人向她寻求帮助。常常需要花费很多时间,"才能使这些遭遇打击的人慢慢恢复平静",她说。

而扎比内却相反,她似乎觉得这种新情况还挺有趣的。对于自己的这种性格特质,她其实早在小时候就已经发觉了。每当自己的生活中发生一些变化,她都会感觉很兴奋,即使这种改变实际上是偏负面的。就连她深爱的祖父去世时也是如此,她在清晨起床时就意识到，有些事不同了。这虽然不好，却会给她以动力——出于她自己也并不能真正理解的原因。

现在，当她遇到这样的身份问题时，也同样如此。扎比内接受了这个事实，而事实就是事实，既来之则安之。她觉得这件事最大的不好之处无非就是不知道在"自己的家族"有哪些疾病是经常出现的。比如，自己患上乳腺癌的风险是大还是小，是容易早逝还是长寿，等等。现在她突然知道了，为什么她的腿长得跟家里所有人都不一样，却不知道这种情况源自何处，以及还有谁也拥有这样的腿。但是，她说："我了解自己，这比知道谁是我的生父要重要得多。"

大屠杀的幸存者

如果有谁曾在2011年7月25日收看过英国广播公司的电视节目，在看到一个年轻男人站在挪威奥斯陆法院大楼前叙述发生在于特岛的大屠杀惨案时，可能会认为那是一位记者在进行报道。这个有着一头浓密的浅栗色头发的27岁年轻人在叙述那个刚发生不久的可怕的大屠杀事件时，表现出一种超乎寻常的冷静，仿佛完全置身事外。然而，在这样一个时刻，又有哪个挪威人能够无动于衷呢？就在三天前，极右翼分子安德斯·贝林·布雷维克在挪威奥斯陆附近的于特岛上制造了一起骇人听闻的大屠杀惨案。当时，挪威社会民主党青年团正在那儿举行年度活动夏令营，结果却遭到血洗。

魏格特·格罗斯列·文纳斯兰德用一种冷静、自信、流利的语调叙述着小岛上发生的事。但是，他并不是记者，而是惨案的亲历者。布雷维克在将近75分钟的时间里一共射杀了69个人，而当时文纳斯兰德本人也在于特岛上，可以说命悬一线，差一点儿就失去了生命。但是，在亲历大屠杀惨案仅仅三天之后，这位年轻的社会民主党党员就能够站在摄影机前冷静地讲述自己的经历，这的确令人印象深刻，而他在镜头下的表现更是令人动容。

"当第一批子弹落下的时候，我正在宿营地里，也就是说，我并没有看到射击的人。"他以一种非常端正的姿势和正直诚实的态度向观众讲述着，只有他那向四下观望查看的眼睛显得有些许不安。那是一种探询的眼神，就像许多平时不会站在镜头前的人们常常流露出的眼神一样。"但是当我向外走的时候，就很快明白事态严峻。"文纳斯兰德继续说道，"我看见我的朋友们向我跑来，想逃离他。"有些人在逃跑的途中摔倒了，文纳斯兰德眼睁睁地看着布雷维克走到那些人面前，用子弹直接爆头，射杀了他们，于是文纳斯兰德也开始拼命逃跑。

他逃进了一座小木屋里，和躲在那儿的另外大约40个年轻人一起设置路障。布雷维克试图进入小木屋，他朝着窗户和墙壁四处扫射。在经过漫长无比的几分钟后，布雷维克决定放弃进入小木屋，开始寻找躲藏在外面的其他人。这些被困在小木屋里的人就这样听着远处传来的绝望喊声以及接踵而至的射击声，听着自己的朋友和伙伴乞求饶命的声音，不知道孤岛上的他们是否能够得到及时的救援，结束外面正在上演的惨剧。"我估计，我在床底下躲了大概有一个小时，只是躺在那儿祈祷着，盼望着。太可怕了，实在太可怕了。"文纳斯兰德在电视上说道。

　　文纳斯兰德并没有将这些经历深深地锁进自己的心灵深处，而是将它们讲述出来，就仿佛讲述别人的经历一样。那种内心的坚强显然令他非常引人注目。不过，依然有一刹那，他还是差点儿流出了眼泪。当那位坐在BBC直播间红色环形沙发上的女主播问他，在当时那种情况下，他怎么还能够做到给自己的家人和朋友发短信的时候，他回答说："当布雷维克的子弹穿透小木屋的墙壁时，我以为他会杀掉我们所有人。我并不想给家人和亲朋好友造成不必要的混乱，但我当时想，也许这是我最后一个机会了。"在说这些话的时候，他的脸上露出了心碎的表情，"我想对他们说我爱他们，我希望能够再见到他们。"

　　BBC的主播们也对文纳斯兰德愿意接受采访表示敬意。"每一位今天早晨观看我们节目的人，都会对您的勇气印象深刻。无论是您跟我们讲述的事情，还是您对整件事的处理方式。"那位同样坐在演播室的男主持人说。紧接着他又一次追问道："您能不能跟我们详细说一说，这件事对您而言意味着什么呢？""这是特别巨大的创伤。"文纳斯兰德说。就在前一天，当他在家里和家人以及朋友们相聚的时候，情绪突然就失控了。"这就是那种时刻，突然就崩溃了，只是哭泣流泪。"

　　但是他也清楚地知道，为什么他现在变得如此勇敢。究竟为什么他能够笔直地站在那儿，而不是躲进被窝里发抖。通过他的党派，他已经和全世界联系在一起了，这个年轻人解释道。在大屠杀之前，他就是社会民主党青年团在奥斯陆地区的副主席，现在已升为奥斯陆社民党青年团主席。他感受到了来自全世界的巨大支

- 47 -

持，四面八方传来的鼓励和赞许也给了他巨大的帮助。"我们非常团结，休戚与共，"他说，这时他的脸上甚至还掠过一丝微笑，"我们互相帮助。我相信，假如没有这种帮助，我们是不可能战胜这种困境的。"

即便是在九个月之后偶遇路透社的一位女记者时，文纳斯兰德也仍然没有逃避，而是选择直面自己人生中最可怕的那个时刻。当时他的手上还带着那个橙色的手环，手环上刻着"UTØYA（于特）"字样，每个参加于特岛夏令营的营员都有一个这样的手环。"我无法取下它。"他说。手环时刻提醒他对一切心怀感恩，甚至包括很难喝的食堂咖啡，他开玩笑地说。"当然，我也是为那些我们失去的伙伴带着它。"

即便是对坚强的文纳斯兰德而言，在大屠杀刚刚过去的那一段时光也是非常艰难的。他无法集中精力来完成自己那篇关于黎巴嫩的巴勒斯坦难民营的毕业论文，尽管在大屠杀发生时那篇论文已经基本完稿了。他每个星期都要去看心理医生，这有助于他厘清自己的思路。他不愿意屈服于那些可怕的经历。

文纳斯兰德找到了自己的道路，他将恐惧、悲伤和愤怒都转化为时不我待的紧迫感。"这个家伙想杀害我，因为我信仰民主，信仰诚实坦率、容忍大度以及对话。"这位身着带帽毛衣和休闲裤的年轻学生对路透社女记者说。"好的，那么就让他滚蛋，"他突然脱口而出，"如果他是因此想要杀死我，我反而更要好好为此战斗！否则的话，布雷维克就赢了。而在整个挪威，没有一个人希望他赢。"文纳斯兰德说，"我们这些活下来的人会因此变得更强大，更坚定。"

然而，并非所有于特岛惨案的幸存者都像文纳斯兰德这么强大有力。一个名叫阿德里安·普拉康的21岁年轻人也同样试图将自己的恐惧转化为一些有用的东西。他出版了一本备受关注的书，名为《压在岩石上的心》，讲述自己的可怕遭遇。他不知疲倦地到处演讲，反对种族仇恨和歧视。

在于特岛上，普拉康通过装死从布雷维克的枪下侥幸逃生。他将死去伙伴的鲜血涂抹在自己身上，然后趴在一块岩石上。当布雷维克靠近的时候，普拉康屏住呼吸，一动也不敢动。他就这样静静地趴在那儿，心里充满了恐惧，只能感觉到自己那压在岩石上的心在剧烈跳动。然而，布雷维克还是向他开枪了，或许射出的是他最后的子弹。普拉康的运气令人难以置信地好，子弹绕过他的脑袋，射穿了他的肩膀。

但是留下的心灵创伤却非常巨大。惨案发生之后好几个月，普拉康依然在休病假。他和抑郁症搏斗着，每到一个地方，他都会惊慌失措地先寻找可以藏身的避难所。上面，咖啡馆房顶上的三个缝隙也许在关键时刻可以救自己一命，他想着，假如没有这样的逃跑机会是完全不行的。在于特岛，普拉康说，他就没能找到脱身之路。

但是，有一个疑问一直纠缠着他：在海滩上第一次遭遇布雷维克时，布雷维克放过了他。当时布雷维克原本已经将枪对准了他，结果却放过了他。而除自己之外，这个冷酷的谋杀犯没有放过任何一个人。然而，对于普拉康而言，这件事却是无法忍受的，因为自己遇到的不是普通的偶然事件，饶恕自己的不是命运的力量，而是一个令人憎恶的连环杀手，是布雷维克这个超级杀人犯决定饶他一命。

到底是为什么呢？这个疑问纠缠、折磨着他的内心。"有时候，我整天都陷入其中，无法思考别的事。"阿德里安·普拉康叙述道。难道是布雷维克喜欢自己吗？对于这位年轻的社会民主党人而言，这无疑是可怕至极的猜测。

到了2011年11月，距离于特岛大屠杀已经过去四个月了，阿德里安·普拉康将在奥斯陆作为对布雷维克诉讼案的证人参加审讯。结果，有一天晚上他突然没有任何原因地在一个酒吧门口对一位女士和一位先生大打出手。在没有遭遇对方任何攻击而且没有明确诱因的情况下，普拉康将那位先生打倒在地，不断地猛踢对方的头部。

当普拉康在街头猛击无辜路人的时候，针对布雷维克的诉讼还没开始呢。后来庭审的时候，那个大谋杀的制造者说，他当时之所以放过普拉康，是因为这个人在他看起来像"右翼"。

2012年8月，就在对布雷维克进行判决的前几天，法庭也对阿德里安·普拉康做出了判决：180个小时的社工和一万挪威克朗（约合1400欧元）的罚金。考虑到这位年轻的社民党人在遭遇外伤后出现的抗压障碍，处罚做了相对减轻。普拉康本人也表示了后悔之意，他在遭遇于特岛可怕的经历后必须重新学习认识自我。

重度残疾者

这位年轻的医生害怕走进那位病人所在的病房。每当看到这个遭遇极度不幸的男人躺在那儿，他的心中就会涌起一种可怕的压抑感。可是对于这样一个重度病患，人们不是应该奉献出更多的时间么？比如听听他说话，和他聊会儿天？因为对这个男人而言，人生已经没有希望了，他的命运简直悲惨得令人无法忍受。

这个男人从第二节颈椎开始瘫痪，唯一能动的只剩下头上的肌肉。他能说话和吞咽，能够皱眉头、眨眼睛以及动动耳朵，可这就是他能做的全部动作了。自从多年前他在西班牙度假时玩跳水，结果导致头部撞到礁石以后，他对自己身体的其余部分就再也无法掌控了。

如今，他整天躺在床上看电视，躺在床上听广播，躺在床上让别人喂他吃东西，或者就这样躺在床上什么也不干。

就这样过了许多年。通常情况下，这个还不到40岁的男人是在家里和家人一起生活的。生活？假如只有他一个人的话连饭也吃不上，要想喝口水都得有人扶起他的头。读书？没错，可以读，假如有人帮忙翻书的话。几个星期前，他因为患上肺炎而被送进慕尼黑大学附属的格罗斯哈登医院，现在已经快康复了，要不了多久就能出院回家了。

可是就在出院前不久的一天早晨，这位病人却要求跟年轻的医生谈谈。当医生听到病人的叙述后，简直不敢相信自己的耳朵。他原本以为自己面对的将是一位绝望的、高度抑郁的、丧失生活勇气的瘫痪者，人生除了饱受折磨，再也没有意义可言，宁愿立刻了结自己的生命。

然而，情况却截然相反。这位病人非常害怕有人会违背他的意愿来夺取他的生命。"我不愿意死。"他说。但他的家人却希望能够摆脱他，对他们而言，照顾他是一个没完没了的沉重负担。他曾听到自己的妻子对一位医生说，不要再给他开抗生素了，就让他死于肺炎，这样更好。可是他想活，他享受生活——尽管遇到这一切，他解释说，他也感觉现在这样活着挺好的。

年轻的医生感到难以置信。像绝大多数人一样，在他的想象中，拖着这样一副重度残疾身躯的人应该会在精神上感到无比煎熬才对。"假如是我遇到这样的情况，我宁愿死去。"几乎每一个健康的人在假设自己面临同样情况会做什么选择时，都会这么说。在上个世纪70年代，曾有人提出一个观点，认为每个人都拥有自己的幸福指数。无论是中了六位数的彩票，还是遭遇交通事故不得不在轮椅上度过余生，幸福刻度盘上的指针在经过短暂的上上下下的偏转过后，依然会回归原先的幸福指数，并且达到与生俱来的人生满意度。但是情况并非如此，这一点年轻医生知道。因此，他曾害怕跟这位多灾多难的患者接触。

但是，人们仍然不断地从报纸杂志中读到关于那些重度病患如何热爱生活的报道，甚至其中还有比这位四肢俱瘫者更严重的患者。就在不久前，年轻医生就曾看到比利时的一篇关于闭锁综合征患者的调研报告。由于中风、罹患退化疾病或者遭遇事故等原因，导致这类患者的 99.99% 的身体都无法活动且没有知觉，几乎必须一直用呼吸机和鼻饲维持生命。

尽管如此，在文中调查的 65 位闭锁综合征患者中，有超过 2/3 的人却自称感觉幸福。其中有些患者能够费力地说出来，大多数则只能借助他们唯一能动的部位来表达。许多患者至少能够眨眼或者上下移动眼睛，当护理人员指认或者电脑播放字母表时，可以通过眨眼来选择需要的字母。他们就是借助这样的方式来一个字母一个字母地向医生传递信息的。在被调查的病人中，只有 7% 的患者表示自己宁愿死去。当然，如果所有被联系的病人都给出回复的话，这个比例可能会更高一点儿，因为至少他们愿意参加调查活动，而那些做出回答的病人很可能是其中拥有最大生活勇气的人。但是无论如何，这次调研毫无疑问地表明，绝对是有留恋生命的重症残疾患者的，即使生命除了"自我"之外什么都没有了。

在刚遭遇事故后不久，他也曾想过自杀，那个高位截瘫的男人在慕尼黑大学附属的格罗斯哈登医院对年轻的医生说道。但是他就连自杀的能力都没有，他什么都无法再自主完成了。对他而言，从此再也无法决定自己的生活了，这在刚开始的时候简直就是一种痛苦的折磨。假如当时他能够通过思想力量结束自己的生命，他是很可能会这么做的。

但是，几个月之后，他已经将生活安排得很好，又能感受到活着的快乐了。他享受听书的快乐，享受能够每天了解一些新事物，并从中不断汲取知识，而且他对吃也很有兴趣。毫无疑问，假如有后悔药的话，他绝对不会让那次愚蠢的跳水事件发生，但是对此他早已不再去想了。毕竟当时自己还年轻嘛，而年轻人总是会干些蠢事的，当然对他而言，无疑是干了特别蠢的事。

但是，现在他不会再那么愚蠢了。"我活着。"他说。而且，他的想象力、幻想、感觉以及回忆——所有这一切他都还拥有。

人 质

她在出场时表现得如此强大，以至于过了很久以后，专家们还在为此争论不休。这一切真的可能吗？就在两个星期前，这个18岁的女孩才刚刚逃脱绑架者的魔掌。而在此之前，她最后一次享受自由的时候还是个孩子。在长达八年的时间里，娜塔莎·卡姆普什被绑架者控制着，只能在他家周围附近几里的地方活动，长时间被关在一个仅五平方米的地下室里，而且要为这个绑架她的男人服务。有时候他还会把她锁进小黑屋里，不让她吃东西。在被绑架了3096天后，她终于在2006年8月找到机会成功逃脱。

尽管她遭遇了如此难以描述的厄运，人们在电视上看到的却是一个坚强、自信的年轻女孩，而且她对于自我、自己与绑架者之间的关系以及那些饱受折磨的岁月的描述和思考表现得如此机智聪慧，令人印象深刻。在逃脱囚禁仅仅14天后，她就已经开始制定计划，希望好好享受一下重获的自由。这个年轻姑娘的每一次登场都会引起公众的惊讶以及随之而来的怀疑，而这一切看起来似乎也打扰了离群索居多年的她。不久之后，娜塔莎·卡姆普什甚至可能会在奥地利电视台主持一档谈话节目。

"她令我印象深刻。她坐在那儿，看起来如此坚强、聪慧、充满战斗力。而且，她的口才很好，能言善辩，绝对有能力讲述自己的经历和对那段经历的思考。"心理学家丹尼尔·霍塞尔在看完卡姆普什的电视采访后说，"这是真的。人们也同样看到，对于一些问题的谈论对她而言并不容易。"这个年仅18岁的女孩在面对可怕的灾难时表现出的冷静克制令人惊讶，这种冷静克制很可能是长期对于自我以及自身遭遇进行思考的产物。

许多精神病学家和心理学家都无法相信这一切。为什么这个年轻女孩的经历没有给她留下阴影呢？她这种人生勇气究竟从何而来？抑或她只是假装出来欺骗大家的？

"这个女孩令所有专家都惊呆了，包括我本人。"前不久过世的心理分析学家霍斯特-爱伯哈特·黑希特尔在娜塔莎·卡姆普什接受采访几个星期后这样说道。毫无疑问，娜塔莎·卡姆普什的行为举止"与许多受过创伤的人完全不同"，黑希特尔说。但令他感到很生气的是，他的一些同事因此对这个年轻女孩的可信度产生了怀疑，并且猜测她是否事先将一切练习好了，然后再照本宣科。将来某个时候她会崩溃的，有些人这么认为。她需要经过多年的心理治疗，还有些人这么说。"有可能她会希望这么做，"黑希特尔说，"但并非必须如此。不管怎样，她证明了她的自我治愈能力是非常值得信赖的。"

在长达八年的时间里，绑架犯决定着娜塔莎·卡姆普什的人生，包括每一个生活细节。他决定她吃什么，穿什么，晚上什么时候必须熄灯。他甚至给她取了个新名字，命令她必须维持多少体重，并且不能再提及自己的家庭。如果不服从他的命令，就会遭到毒打。尽管如此，她还是顽强地拒绝遵照命令称那个男人为"吾皇"或者"大师"，并因此遭到了暴打和摧残。

他选错人了，她后来对公众说。"他不是我的主人。我很坚强。"在逃脱出来一个星期后，娜塔莎·卡姆普什在一封公开信中这样写道。她的心理医生在记者招待会上宣读了这封信，而且那位医生特别强调，这封信是由娜塔莎本人写的。娜塔莎·卡姆普什后来在接受采访时说，就连那个绑架者也对此感到惊讶。"他很吃惊，我怎么能够如此冷静地接受这一切。"但是，这就是她。"太情绪化地看待这一切是无济于事的。不管怎样，我还是我。"

娜塔莎·卡姆普什显然是在用一种独特的方式来反抗外界对自己的囚禁。正如霍斯特-爱伯哈特·黑希特尔所说,她的行为表明,人们"甚至在承受极端侮辱和痛苦折磨的情况下也能维护自己的尊严"。她还对自己的遭遇流露出一些积极的看法,她在公开信中这样写道:她知道,自己的童年和别人的不同,但她并不觉得自己错失了什么。她还很认真地说,在当时的情况下,她至少"没有学会吸烟和酗酒"。

但是,她是究竟怎么能够做到在那样一种与世隔绝的生活中坚持这么长时间的呢?"我和未来的我缔结了一个契约,她会来解救这个小姑娘。"年轻的女孩在电视上说,"我的内心从未孤独,我的家庭和幸福的回忆一直陪伴着我。我发誓,等我长大了,变得更坚强更有力的时候,终有一天我能够解救自己。"这个18岁的女孩说。

除了她的坚强,对未来的信念以及与家庭的关系还赋予了娜塔莎·卡姆普什一些特别的东西,那就是她的同情心。尽管在长达数年的时间里,她没有得到任何人的同情,她还是经受住了考验,保持着对人类的好感,还用逃脱后获得的部分捐款资助了斯里兰卡的一家儿童医院。为什么特别选择了那里捐赠呢?"在被囚禁期间,我曾从收音机里听到那儿在2004年发生了海啸。"她说,"当我听到那些报道时,脑海中浮现出了特别可怕的画面。"

甚至就连那个绑架犯和他的母亲也引起了她的同情。在她逃脱后,绑架犯自杀了,而她还为他的死点燃了一根蜡烛。"在我看来,他的死并没有必要。他是我生命中的一部分,因此从某种程度来说,我为他感到悲伤。"她说。这种对罪犯亲近的反应与几乎所有曾做过人质的受害者的反应相似,并非不正常。她在自传《3096天》中写道,这可谓是"一种在绝望的情况下活下来的手段"。或者正如她在电视上所说:"在真实的人生中,不经过内心的抗争是无法生存下来的。"

恢复力在
日常生活中的威力

或许没有任何人曾预料到,这个名叫威廉的小家伙居然有一天会如此前途无量。尽管他出生在美国阿肯色州一个名叫希望(Hope)的小村庄,但在他的童年时代却从来不曾有过希望。有一天,当小威廉又一次试图保护自己的母亲免遭残暴成性的继父虐待时,他甚至向母子俩开枪射击。幸而喝得醉眼蒙眬的继父没能射中他们,但那些子弹仿佛纪念品似的留在了墙壁上。尽管如此,被他们称为比尔的小威廉仍然在14岁时改成了继父的姓氏,并最终以比尔·克林顿这个名字闻名全世界。

假如是另外一个性格脆弱的孩子遇到这样的家庭环境,或许早就彻底崩溃了,可是威廉不仅没崩溃,甚至还成为美利坚合众国的总统。究竟为什么他能够在继父的暴力压迫以及各种鄙视的打击中挺过来呢?在他那看起来非常可怕的少年时代,又有哪些因素令他变得强大?

人们总是习惯于仅仅从小威廉的个性特质中找寻其拥有强大恢复力的原因。没错,像比尔·克林顿这样的人生不倒翁大多具备许多特别的性格特征,可以不断地给自己输送力量,使自己变得强大。经历命运的打击后重新站起来的人,毫无疑问必须能够承受失意的考验。智慧、能力和与良好的人际关系也同样能够保护我们,因为它们能够使得那些具有恢复力的人更容易地找到摆脱危机的方法,并搭建起一个支撑网络,在人们遭遇困境时伸出援手。而且,如果人们不固守习惯,而是用一种坦诚开放的心态看待人生中的变化,也同样很有助益,更何况这种变化很可能恰恰是让自己成功晋升人生赢家的助推剂呢。当然,乐观主义精神以及一点儿自嘲式的幽默感也都有助于我们在经受命运洗礼后重新看到地平线上的亮光。

但是,恢复力不仅仅是一种特质、一种与生俱来的个性标志或者一系列的性格特点。除了这些个性化的因素之外,环境因素对于一个人心灵恢复力的形成也同样具有决定性的影响。虽然再强大的个性可能也很难在完全彻底的逆境中安然无恙,但是通常情况下,环境不仅可以使软弱的个性变得强大,甚至最终能使某些人比他们那些不懂变通的同胞更容易战胜危机。

恢复力的若干支柱

不管怎样，至少以前还是有可能让孩子们生活得幸福美满的。可是，在上个世纪50年代，夏威夷的一个名叫考爱的小岛却弥漫着一种悲伤忧郁的气氛。和许多被外来势力占领了家园的人们一样，这些一直与大自然亲密无间的原住民感到非常迷茫。小岛的环境美若天堂，然而对许多孩子而言，那儿的生活却犹如地狱。酗酒和贫困是小岛的日常生活，而且这种令人悲伤的状态还在下一代岛民中延续。在岛上甘蔗种植园里干活的贫困劳工的后代常常饱受疏忽冷落甚至虐待，其中很多家庭破裂，缺金少钱更是常态。对于孩子们而言，几乎没人能够信任。

但是，当美国发展心理学家埃米·沃纳女士和她带领的来自加利福尼亚大学的团队对考爱岛上的698名孩子进行长期追踪调查后，得出的结论却令人惊讶。这698名孩子是1955年在考爱岛出生的所有新生儿，其中201名成长于问题特别严重的环境。他们早在幼年时期就遭受了种种难以想象的磨难，要么父母是酒精依赖症患者，要么生活在长期不和的家庭环境中。然而，恰恰是这些孩子吸引了沃纳女士的注意力。

于是，她把目光投向了这个极少有研究人员敢于面对的群体。按照预期来看，这个群体中有2/3的孩子是几乎不可能从他们与生俱来的困境中摆脱出来的，因为在这129个孩子的身上充斥着人们所能想象的所有负面因子：在他们年仅10岁的时候就已经出现明显的学习障碍和行为问题，而在18岁生日之前就因为违法进了警局或者出现了心理疾病。

但是令这位当时还很年轻的心理学家感兴趣的却并不是这2/3的孩子，她研究的是剩下的那1/3，即那群虽然出生于窘境却创造了惊喜的孩子。这72名夏威夷原住民子女成功地战胜了自己的困境，颠覆了社会对其未来的悲观预测，过上了井井有条的体面生活。这些孩子从未出现过任何古怪的行为问题，他们在学校的表现很好，能够融入小岛的社会生活，并有自己切合实际的目标。到了40岁的时候，这个群体中没有一个人失业，没有一个人犯罪，也没有一个人依赖社会救济生活。也就是说，在考爱岛上备受冷落的孩子中，有1/3成长为自信、懂得关爱他人且有工作能力的人，他们在职场上有所建树，也能够拥有正常的家庭生活。

就这样，埃米·沃纳的研究使此前一直流行的普遍观点——即出生于如此困境的孩子根本无法逃脱不幸的命运——产生了动摇。这位心理学家第一次科学地阐明：即便起点条件如此恶劣，依然有人能够掌控自己的人生。

那么，究竟有哪些因素能够保护人们免遭人生挫折的打击呢？埃米·沃纳对此很感兴趣。她不断地思考，到底是什么保护了考爱岛上的那些孩子，使他们免于心理问题的困扰，没有坠入堕落的深渊。

这不仅仅是一个针对医学和心理学提出的问题，专门对生理和智力发育上有缺陷的儿童进行研究的医疗卫生教育专家米歇尔·芬格勒强调说，而且也是一个针对教育学的课题。"长期以来，我们仅仅关注为什么人们不能胜任人生的挑战，"他说，"但是对于所有教育者来说，更重要的是要知道如何让孩子们拥有身心健康的美好人生。"不过，研究人员首先必须弄清楚的是，到底什么叫作美好的人生。尽管她的工作是开创性的，但在这一点上，埃米·沃纳依然没有摆脱其时代烙印。在这个始于1958年的研究报告中，她将美好的人生主要归因于外在的因素，定位在容易测量的成功之上。

她跟踪调查了考爱岛的这些孩子的学业和职业培训情况，记录下来他们是否犯过罪，是否有能力长期维持婚姻，以及是否出现心理障碍。

芬格勒批评说，这是一种标准化地看待人类生活的保守观点。他认为"科学原本应该是无价的"。重要的是，当事人应该扪心自问，是否对自己感到满意。因为，比起一份固定的工作和一个婚姻两个孩子，对于一个人而言更重要的是：尽管遭遇困难和危机，却依然知道如何将自己的人生过得有意义，并在人生的终点感觉到幸福。

强大的密钥是人际关系

尽管提出了一些批评，但是米歇尔·芬格勒仍然对埃米·沃纳开创性的工作给予了高度评价。他说："考爱岛调研报告给我们揭示了处于困境中的人们保持心理健康的根本性因素。"弗里德里希·洛赛尔也这么认为。他既是心理学家，也是一位犯罪学专家。出于职业原因，他很想了解，这些来自恶劣社会环境中的孩子有多大机会改变自己的人生之路，而不是像其家庭中的坏榜样一样在监狱进进出出。

"人生中最大的保护就是人际关系。"洛赛尔总结道。与所有那些像父母一样掉进酒桶的孩子相比，考爱岛上的这些孩子拥有一些不一样的东西：至少有一个和他们关系亲密的人在关心、照顾他们，对他们的需求做出回应，帮助他们设立界限，并指明前进的方向。

就连比尔·克林顿也有这样亲近的、可以信任的人。在他的母亲嫁给可怕的继父之前，他一直和非常慈爱的外祖父母生活在一起。而且他知道，他能信任的不仅仅是外祖父母。尽管他的母亲有弱点，但她同样也是一个可以信赖的人，总是尽她的力量来支持他，并且和他一起寻找摆脱继父暴行的方法。

"仅仅拥有一个亲密的关系，人就已经如此强大，可以弥补许多负面的因素了。"医疗卫生教育专家莫妮卡·舒曼说，并且强调道："这是我们的教育机会。"

因为这个可以信赖的人不一定非得是母亲或者父亲，祖母或者祖父，姑姑阿姨或者老师邻居都可以承担这个角色。"重要的是，这个人要能够用适当的方式和孩子相处，"舒曼说，"给予他们安全感，认可他们取得的进步，对他们的能力提出要求，并且无条件地爱他们，而不是将成绩或者得当的举止作为爱的前提。所有这些都会令人变得强大。"

因此，有一个现象很可能并非偶然，考爱岛上发展比较好的通常是家里的第一个孩子或者兄弟姐妹少的孩子，尤其是那些在两岁之前能够独享父母关爱的孩子。

爱是一个礼物，但即便是孩子们想得到它，也常常不能不劳而获。按照心理学家暨伴侣疗法专家乌尔瑞卡·鲍斯特（Ulrike Borst）女士的说法，从根本上来说，恢复力是一种能够建立有益关系的能力，使自己能够获得他人或者机构的支持和帮助。就此而言，有些人甚至可以说毫不费力就能做到，比如那些天性活泼快乐的孩子，很可能一出世就能迅速赢得周围人的心，常常可以不用多做什么就能获得他人的帮助。"那些个性友善、头脑清醒、性格外向的孩子也会很容易得到身边人的喜爱，"社会学家及恢复力专家卡尔纳·莱伯特女士说，"因此他们也很容易找到朋友或者其他支持者。"

这一点也在考爱岛的孩子们身上得到了体现。那些被认为是"好养的"孩子，也就是说没有令家人抓狂的饮食习惯或者磨人的睡眠习惯的孩子，在其一两岁的时候就会比那些难带的小孩更加吸引父母或者其他相关人的关注。在谈及那些后来被视为成功的以及具有恢复力的人士时，他们的母亲常常会回忆说，其在一岁的时候就已经是一个活泼、可爱又乖巧的小宝宝。而等到他们两岁的时候，那些独立观察员也做出相同的判断，说这些孩子可爱、友善、坦诚并且合群。此外，这些具有恢复力或者说心理弹性的孩子也更能融入同龄孩子的活动中。他们热心帮助那些需要帮助的人，在自己需要帮助的时候也能主动向他人求助。

孩子的性格特征与周围人的敏感体贴之间相互影响、相互作用，卡尔纳·莱伯特说。这些孩子的良好性格使他们在生活中变得强大，因为这样的性格使他们容易赢得他人的关注和兴趣。而与此同时，如果一个人非常坚强，散发正能量，并且拥有积极、主动、合群的个性，也会反过来对其父母和朋友产生积极影响。关系使人强大，而强大又有助于建立关系，这是一种双赢。

结果就是，心理恢复力强的人大多也会在自己所处的环境中感觉安全。就像前文提及的那位年轻的社民党员魏格特·格罗斯列·文纳斯兰德，他能够坚强地战胜于特岛惨案带来的影响，没有留下心灵创伤。这些心理弹性特别好的人能很好地融入团队中，有承受力、责任心，热情且认真细致。他们更外向，对新的经历和他人充满期待。在发生危机的时候，他们拥有可以信赖的环境，可以从中获得支持和建议，从而更好地、建设性地解决问题。

恢复力也是一个逆商问题

苏珊娜给心理学家留下了特别深的印象。当弗里德里希·洛赛尔刚认识她的时候，她才15岁。那是在上个世纪90年代初期，洛赛尔当时在德国比勒费尔德大学当教授。当时，像他这样的心理学家刚刚开始对人性的坚强而不是人性的弱点感兴趣。他们想了解人的潜能，从而解释人们如何克服困难，且不会因此付出心理健康的代价。于是心理学家们想，如果去研究那些曾经战胜过巨大挑战的人，应该最容易有所发现。因此他们就去寻找那些遇到过许多困难的青少年作为研究对象，而这种人当然在社会边缘阶层中最容易找到——在充斥着毒品和暴力的红灯区有许多这样的孩子，他们往往生活在单亲家庭，而且仅剩的家人也缺乏教育孩子的能力。

苏珊娜就是这样的一个孩子，而且她还是一个尽管遇到种种困难却决不气馁屈服的孩子。她在童年时代的遭遇简直就像电影中描述的那种可怕的故事。她的父亲整天借酒浇愁，边喝边追忆自个儿的可怕童年，母亲则每天吞下大把足以迷失灵魂的药片，仿佛只有这样才能活下去。

苏珊娜五岁的时候，她的人生曾经出现过短暂的希望之光，因为她的父母离婚了。但是，她的母亲很快又开始寻找新的男人，一个接着一个，而且这些男人对苏珊娜要么很坏，要么更坏。后来她母亲又嫁给了她第三个孩子的父亲，可惜这一位也并非良人。对苏珊娜而言同样如此，因为继父总是虐待孩子们和孩子们的母亲。苏珊娜本人也从12岁就开始酗酒，但是结果证明，这还真的不是件坏事——至少她的行为引起了有关部门的注意。因为警察总是在路边发现这个喝得醉醺醺的小姑娘，于是青年福利局就把她安置到一个福利院。后来，终于在她的人生中出现了一个幸运的转折点：她来到养母家，并和养母建立了很好的关系。养母理解她，支持她，分担她的烦恼，向她传递健康的价值观。苏珊娜不再需要酒精的麻痹了，她重返校园，甚至还进了很好的文理中学，也拥有了丰富多彩的青少年生活，结识了朋友，发展了多种多样的兴趣。

在上个世纪90年代，弗里德里希·洛赛尔和多丽丝·本德一起合作，在"比勒费尔德之打不倒的硬汉"（Bielerfelder Invulnerabilitätsstudie）这个调研项目框架下调查了146个来自困难家庭的年轻人，包括苏珊娜。其中，有80个来自福利院的年轻人最终放弃了学业，加入了瘾君子或者暴力团伙的行列。

但是，在这个群体中也有几乎一半的孩子像苏珊娜一样摆脱了可怕的童年时代，得以健康成长，毫无心理疾病，或者没有出现持续性问题。这个比例和考爱岛的孩子们一样高，在那儿也有1/3的孩子具备了足够的心灵恢复力，可以让他们的人生不再像前人那样陷入灾难之中。与考爱岛的那些孩子一样，在比勒费尔德的这些青少年身上也有个突出的现象，即在他们的家人之外，都有一个充满爱心的人关心、照顾他们，做他们的榜样，教给他们人生中应该尽可能遵守的处世规则，就像苏珊娜的养母一样。

不过，科学家们也发现了另外一些因素，这些因素对于这些年轻人从恶劣的环境中获取恢复力同样至关重要。尤其是对于那些特别会闹事的青少年，情绪上的平和十分重要。"苏珊娜这样有恢复力的孩子，跟那些容易受到恶劣环境伤害的青少年比起来，拥有更灵活的且不太冲动的性格特点。"弗里德里希·洛赛尔说。与情绪平和稳定的人相反，情绪反复无常的人很难积极应对要求，在遭遇失败或者巨大的压力时，常常会做出过激反应，而过度的攻击性、悲伤或者愤怒又会阻碍他们找到对策来摆脱逆境。

谁要是想很好地应对命运的打击，就必须能够经受住一些东西，洛赛尔说。他必须能够认清形势，辨明方向，彻底改变自己的人生，去走迄今为止没有走过的路，就像娜塔莎·卡姆普什和慕尼黑大学附属的格罗斯哈登医院的那位重度瘫痪病人一样。为此，人们需要有那么一点儿对失意的耐受力，一点儿勇气、力量以及坚持的精神。相反，谁要是首先被逆风打败，他就没有力量再去面对人生挫折的洗礼了。"没有一点儿强大的精神是不行的。"社会学家卡尔纳·莱伯特女士也这样认为。她在耶拿大学附属医院和同事们一起对那些可以令人们获得恢复力的性格因素进行了多年的研究。

科学家们在研究过程中发现，强者不会抱怨命运，而是坦然接受自己的处境以及由此带来的不适感觉，就像因为医疗事故失去儿子的乌特·霍恩沙德，或者遭遇心身耗竭却很快重返绿茵场的拉尔夫·兰尼克。"拥有心理弹性的人不会视自己为可怜的牺牲者，而是将命运掌握在自己手中。"莱伯特说。

坦诚面对挑战特别重要，科琳娜·乌斯特曼·赛勒女士强调说。

她是苏黎世"早期教育和心理弹性促进"项目的负责人。这一点无论是对成年人还是孩子都同样适用。考爱岛的孩子们同样不是逃避问题,而是选择了积极解决,展现了自己的灵活性。"这些孩子独立承担起责任,并且积极设法解决问题,"乌斯特曼·赛勒说,"也就是说,他们没有坐等他人来帮助自己解决问题。"

性格与环境的相互作用

进一步深入研究可以发现,那种对集体的归属感、对自我及自身行为的信任感和对人生深层意义的信仰也可以令人变得强大,更好地应对挑战。许多经历过危机的人都在不断讲述着,这种精神以及坚信一切终将变好的坚定信念对于他们而言有多么重要。

这种积极的世界观是许多具有恢复力的人所拥有的。考爱岛和比勒费尔德的调研报告也表明,许多有生存能力的人都认为他们会在与困境的战斗中最终获胜。他们相信自己,也相信自己最终能够掌控局面。"因此他们很少将困难局面视为一种负担,而是更多地将其视为一种挑战。"洛赛尔说。

智慧也同样发挥着积极作用。要成为人生考试的赢家,并不一定要拥有超常的智慧,但智慧无疑是个助力。如果一个人够聪明,就能够认清形势,同时找出方法来改变它。"如果拥有一定的聪明才智,那么他就更容易从新的角度看待自己的人生。"洛赛尔说。而且认知能力强也使得他们更容易获得学校文凭或者职业培训证书,这反过来又为其积极设计人生之路提供了更好的机会。

"还有一些东西也会令人强大，"洛赛尔说，"那就是幽默。谁要是不把生活中的一切太当真，而是能时不时自嘲一下，那他就不会一遇到挫折就马上怨天尤人。"当然，"假如遇到的是强奸这类噩梦般的事件，那是无法靠幽默感来摆脱阴影的。"洛赛尔补充道。但是如果人们能用幽默、笑容和乐观主义精神来对待人生的逆境，就像被迫离开故土家园的埃文曾经做的，那么他就可以活得更健康。

如今，这些常见的恢复力因素也得到了多方验证。它们的出现不受地域的限制，无论是夏威夷群岛上那群看似毫无未来可言的年轻人，还是生活在比勒费尔德的问题少年，都可以拥有。不仅如此，无论是对于饱受内战的人们重建家园，对于监狱里的罪犯重新在社会立足，对于在危机四伏的区域生存下来，对于陷入富裕环境重重包围中的贫寒家庭，对于面对患有心理疾病父母的孩子，还是对于不得不结束一段婚姻的人们，这些恢复力因素都至关重要。

有一些像卡尔纳·莱伯特这样的专业人士认为，恢复力只是一种与个性相关的东西，甚至其本身就是一种性格特征。但是越来越多的科学家却确信，除了性格特征之外，环境因素，比如教育的氛围、责任心的培养、归属感的搭建，等等，也对恢复力的养成起到了作用。性格与环境并非总是那么容易区分开来的，因为一个孩子是否乐于助人或者是否拥有某个爱好，不仅仅有其内因，而且也取决于他能否在周边环境找到可以模仿的榜样。

"恢复力或者说心理弹性并非与生俱来的个性特质，这一点在研究初期只是一种假设，但如今已经得到了证实。"科琳娜·乌斯特曼·赛勒强调说，"恢复力发展的根源在于减少风险的特别因素，这些因素极可能扎根于人的内心，但同时也可能存在于其生活的周边环境。"她视这种生存能力为一种宝贵的人生财富，是人们可以随着自身的发展而获取的力量。借助于他人或者类似教会或学校这样的机构，甚至也包括自身的气质，他们搭建了一面保护墙来抵抗恶劣的外部条件，就像考爱岛的孩子们或者比勒费尔德的青少年那样。他们让自己去适应突然降临的灾难，像内战中的人们那样；或者去克服致命交通事故造成的心理伤害。恢复力有助于保护，有助于修复，有助于重建，弗里德里希·洛赛尔说。

就此而言，在强者身上发现的所有这些特质及其环境影响都不是绝对必要的。"这些可以令他们更容易掌控困难的人生局面，"洛赛尔说，"但是几乎没有人能具备所有这些因素，而且也完全没有必要。"

强大的人常常特别了解自我

这只苍蝇的学习能力很强。当处于可怕的情况中时，它能做的事很少，但是它会尽自己的一切力量去尝试逃开可怕的酷热，因为那源源不断涌进来的热量令它的翅膀面临被烤焦的危险。

那是一个冒险刺激的试验，不仅仅对这只苍蝇而言。在位于维尔茨堡的马丁·海森堡实验室，科学家们以惊人的灵巧技法，借助两根金属丝，将那个正在飞行的身长仅2.5厘米的昆虫拴住。苍蝇飞过一个虚拟的空间，这是科学家用许多LED设备给它构建的。探测设备可以通过金属丝获取苍蝇在这个人造环境中的行为。其实这只被拴住的苍蝇能做的并不多，仅仅只能向左或向右转动一点点而已。

但是这唯一的选择机会却对它非常重要，因为每当苍蝇向右转的时候，都会感到难以忍受的酷热。很快，这个小家伙就认识到，向左移动对它而言更健康。于是没过多久，苍蝇就开始只向左边移动。虽然研究人员早就将加热设备关掉了，它还是不太敢向右边移动。

这只小昆虫正在为心理学研究干活呢。不仅遗传学家和发展生物学家希望向这些被认为是没有情感的生物学习，心理学家也是如此。这一点可能会令人惊讶，然而事实上，科学家们不仅可以通过哺乳动物，也可以利用低等生物来研究复杂多样的现象，比如心理弹性或者说恢复力。

就连这个最小的实验动物和它那小得可怜的脑袋瓜也能向人类揭示一点儿我们的内心世界，马丁·海森堡这样认为。它甚至有助于人们弄明白复杂行为背后的原因，比如突然陷入嗜眠症。或者与此相反，能在看起来毫无出路的类似情况下找到一条新的路。这是真的：有时候甚至就连苍蝇也会放弃。比如，当马丁·海森堡不断令其受挫的时候，它们就会变得没有动力，看起来似乎已经失去了生存的勇气。这一点跟人类非常相似，当人们感觉自己成为了命运的玩偶，认为自己的决定微不足道，根本无法改变命运的轨道时，也会同样如此。

为了验证这一点，海森堡将一些苍蝇关进一个很小的箱子里，箱子的底部偶尔会变得灼热，但是如果苍蝇没有被这种灼热吓得一动不动，而是继续爬行，那么箱底的温度就会很快降下来。而第二组的苍蝇则不管怎么做都无法改变灼热，它来无影去无踪，无论苍蝇怎么做都没有用。这对第二组苍蝇——即被奴役的受压样本——产生了一个明显的影响：在接下来的实验中，这些苍蝇再也不去尝试躲避灼热了。尽管箱底的温度已经高到理应驱使它们逃开，这些被奴役的苍蝇却仍然一动不动地待在箱子里，而实际上这次它们只要移到箱子的另外一边就能逃脱灼热之苦，因为那儿的温度低多了。可是，这组苍蝇却压根没想到这么做，也根本不再抱任何希望。显然，它们对于自己的处境感到绝望，失去了改变境况的动力。

人们可能会认为，这些昆虫的行为就好像遭到痛打的狗一样。实际上也是如此。海森堡的苍蝇实验模式实际上源自上个世纪60年代，当时心理学家马丁·塞利格曼和史蒂文·迈尔曾经对狗进行过痛苦的电击实验。在那个实验中，同样是那些在实验的第一个环节中无法通过自身努力改变命运的小狗，在第二个环节中完全放弃了逃避，就那样倒卧在地，绝望地忍受电击的痛苦，根本不去尝试逃脱。心理学家们将狗的这种绝望心理称为"习得性无助"，现在则被作为抑郁症模型。不过，它同样也可以用于心灵恢复力领域，使之在不同程度上适用于对人类的探索，因为在这些实验中都不断出现一些个体，它们没有认为自己无助，而是选择继续战斗。

是否这些苍蝇的行为真的与完全失去驱动力有关呢？甚至可以说是一种抑郁症？马丁·海森堡也提出了这个疑问。刚开始的时候，他观察到，那些经历过这种绝望情境的苍蝇在飞行时间和速度上大多都比以前变少变慢了。"但是我们还不知道，这些动物是否连配对的兴趣也减少了。"他说。引人注目的是，雌性苍蝇比雄性苍蝇更容易出现"习得性无助"，这和人类罹患抑郁症的情况类似。

苍蝇的"习得性无助"与人类的抑郁症还有另外一些可比性，即在药品测试上的相似性很明显。因为如果用人类治疗精神病的药物对这些苍蝇进行治疗，比如几微克的西酞普兰，一点儿 5-羟色氨酸或者在美国早就用来缓解日常不适时使用的心理药剂氟苯氧丙胺，会发现这些药物的确可以令苍蝇的状态好转。它们的抑郁症状好像不翼而飞了，又开始像那些正常的同类一样在面对灼热时成功自救。

和苍蝇一样，人类也会通过成功或者失败习得经验。但是为了保护具有这种学习策略的生物，大自然显然也同时赋予了他们一种程序，使得他们也会在某个特定的时刻放弃。"如果人们在生活中通过尝试来取得进步，那么也必须有一个紧急开关来阻止其没完没了地继续尝试下去。"海森堡说。这个紧急开关拯救着人类，同时也带来危机。"也许，"海森堡说，"它就是抑郁症的根源。"

然而，这个紧急开关似乎并非在所有人身上都起着相同的作用。

在同时代的人中，一旦有些事不能达到期望值，有些人很早就会放弃，另外一些人则总是充满希望、勇气和抗挫折能力，不断地尝试和努力，直至最终取得成功，或者不得不承认失败。而按照努力的结果可将其中一类视为聪明人，另外的则是其他人。

自信令人强大

但是在许多情况下，应对挑战的不同表现不仅仅是因为缺乏驱动力或者驱动力太多导致的。有勇气的人大多具备一种重要的性格特点，那就是自信。这样的人早已在人生中获得一种很高的心理学上所说的自我效能感，即坚信自己能够对世界产生明确的影响。与那些表现无助的人、狗或者苍蝇相反，这样的人坚信还有希望，他们相信自己能够让事情朝着自己期望的方向发展。在一定程度上来说，奥巴马的座右铭："是的，我们能！"似乎就像是这种自我效能感的最终呐喊。

对比勒费尔德青少年的研究也显示了这种信念多么有助益。那些来自困难家庭的年轻人尽管遭遇黑暗的童年时代，却依然掌控了人生。整体上来说，与那些后来毫无成就的年轻人相比，他们大多很少表现出无助，而是更加相信自己的力量。恢复力或者说心理弹性研究专家暨心理学家弗里德里希·洛赛尔说："这些青少年坚信，只要付出努力，就必将在人生中有所收获。"

在考爱岛观察到的情况也类似。"年仅10岁的时候，那些有恢复力的孩子就已经具备这种信念，即依靠自己的双手就一定能够获得一些回报。"科琳娜·乌斯特曼·赛勒女士说。"谁要是不期待自己的行动能产生作用,那就根本不会再努力去改变什么或者冒点风险,而是回避风险并对自己负面评价。"这位教育学家说,"相反,如果谁拥有积极的自我效能感,就会将之套用到新的情况上并相信自己具备一定的解决困难的能力。"事实上,这种认为自己能够解决问题的期望值又反过来有助于真正解决问题,这种期望令人强大。

孩子们在很小的时候就已经知道,自己是否能产生点儿什么影响。"早在婴儿期,自我效能感就已经在发挥作用了。"医疗教育家莫妮卡·舒曼女士说道。如果一个小宝宝朝着母亲哭,而母亲果然走了过来把他抱在怀里安慰,那么他就会知道:我是个人物,我能做到一些事。而相反地,如果孩子在幼年时期就感觉自己和自己的需要不受重视,自己和自己的愿望只会打扰别人,而且自己的想法没有一点儿用处,那么他们身上的自我效能感就不会得到发展。这样的孩子就容易缺乏那种能够克服困难的信念。如果有什么困难发生,他们会被吓呆,而不是去寻找出路。因此,他们必然没有能力找到解决方法。

与这些观察结果相符的是,考爱岛的调研也显示,那些从小就不得不承担起责任义务的孩子特别具有心理弹性或者说恢复力。比如,他们可能需要照顾自己的弟弟妹妹,可能要在集体中承担某项任务或者干家务活,因为父母要工作或者身体不好。有些特别具有恢复力的孩子甚至还得挣钱贴补家用。"在幼年时期就承担起责任显然对于发展自我效能感和培养坚持不懈的毅力很有好处。"赛勒说,"这些孩子在很小的时候就知道了,他们能够凭借自己的努力取得一些成功，得到认可。至于这种努力是照顾孩子还是在足球队中不断地将球射进球门并不重要。"

从自我效能感中也会产生自信，即形成恢复力的另外一个条件，因为积极应对并战胜挑战无疑也是一个有关勇气和自信的问题。然而，在恢复力和自信之间并不存在直接的、完全相符的关联性，医疗卫生教育专家米歇尔·芬格勒说。一种很好的自我价值观会促使人们采取行动，并且有助于战胜失败的打击和不顺的人生经历。人们常说起"健康的自我价值观"，这并非是没有道理的，而自我价值感过低则隐藏着抑郁和动力削减的风险。"但是过度自信则有可能逐渐发展成为纳粹。"芬格勒警告道，并说这会很快演变成一种不稳定的自我价值感，因为对纳粹分子而言，每一个小小的委屈伤害都意味着世界末日已经到了。而且，过高的自信也很可能会使人变得傲慢，芬格勒说。如果一个人自视过高，就很可能会失败，因为他会做出错误的决定，或者自以为那么一点儿困难是完全不可能损害到自己的。这样一来的话，沉重的打击就几乎是不可避免的结果了。

就克服困境这类事而言，即便从非常现实的角度来看，错误的自我评价和幻想也是极其有害的。弗里德里希·洛赛尔曾在一次调研中询问过监狱里的罪犯的妻子，她们对于丈夫重获自由后的日子有什么期待。"那些对未来不抱有非现实幻想，而是知道自己将会面临新问题的妻子显然能够在后来的生活中更好地克服困难。"他说。

知道什么时候值得战斗，尤其是要区分出哪些抗争能够成功，哪些则会失败，以及什么时候放弃是无益的，什么时候则是聪明的。这不仅适用于评价客观情况；在这方面，那些对自己很了解，并且知道是否能够以及如何才能克服困难的人更占优势。

"恢复力是一种很强的能力。"卡尔纳·莱伯特说。它有助于让人控制心理状态,并且根据要求和负荷来进行调整。具有恢复力的人不一定知道如何才能克服某种困难,但他们具有大量的认知上、情感上和社会化的行为方式,这些能够使他们适应新情况并保持运作的能力。换句话说,他们知道自己无论如何都会走出困境。"人们可以学着信赖这种能力。"莱伯特说,"套用一句座右铭:我知道,我能做什么以及不能做什么。我知道,我会再回来。"

我有,我是,我能——社工领域教授邵婷·布里吉特·丹尼尔女士这样总结恢复力或者说心理弹性的三大基石:我**有**人,喜欢我并且帮助我的人;我**是**一个值得爱的人并尊重自我和他人;我**能**找到解决问题的方法并且能够掌控自己。

"了解自我"之所以可以令人强大,还有另外一个原因:那些能够真实地审视自我的人,在寻找人生伴侣或者工作岗位的时候会按照自己的标准、需求和爱好,而不是按照别人的标准,比如拥有一辆黑色高级轿车或者穿上白大褂,等等。"这样的话,职业和婚姻会带给他们更多的勇气,而不是成为消耗能量的地方。"莫妮卡·舒曼说。

有那么一点儿信念则更是必须的。"单单是这种能够战胜困难的信念就已经是很大的助力了。"人格心理学家延斯·阿森多夫说。信念可以移山。这也是一种相互作用:谁要是坚信可以解决遇到的困难,他就不会将压力和问题视为巨大的负担。相反,那些从一开始就对困难投降认输的人则会感到不堪承受。具有行动力的人甚至可能将出现的苦难视为挑战,是可以战胜的,而一旦挑战成功,不仅会感觉非常美妙,而且还会在人生中又一次赢得胜利。"人们如何看待压力，在很大程度上取决于他的客观认知，"阿森多夫说，"如果谁视压力为挑战，那么对他而言，一切就根本不再是负面的了。"相反，自我效能感低的人则从一开始就将压力视为负面的。"于是挑战就会变成严重的威胁，甚至导致失控的感觉。"健康心理学家拉尔夫·施瓦策说。而且这样的人常常会将失败归因于自己，结果这种感觉就更强了，真是"一种可怕的恶性循环"。

施瓦策确信："具有较高自我效能感的人会表现得更努力，更有毅力。"一旦事情失败，他们更倾向于将其归于外因，很少陷入自责，所以他们能够保持自我价值感。而自我效能感较低的人却常常会用失败来验证自己的负面观念，这种充斥其内心的负面观念又反过来进一步弱化了他们的自我效能感，以及与此紧密相连的动力。那么，最终出现满足感和业绩的下降也就是无法避免的结果了。

有时，这会产生令人惊讶的作用。相关调查表明，与那些在日常生活中不断担心自己的脑力会退化的人相比，那些对自己的认知能力持乐观态度的中年人的确会拥有更强的记忆力。

什么令人强大，什么令人脆弱

那些拥有强大心灵的人到底有什么具体的表现呢？研究人员借助一些调研进行了探究，因此对于具有恢复力的人的性格特质有了越来越多的了解。有一长串特征可以用来反映一个人的心灵恢复力是强还是弱，这些特征被世界各国的科学家们不断描述着——不分民族人种，无论天南地北。下面这个列表会展示，有哪些因素有助于人们安然无恙地战胜危机（摘自弗里德里希·洛赛尔）。

（+）= 有助于恢复力

（-）= 不利于恢复力

性格特征

+ 幽默

+ 灵活

+ 情绪稳定平和

+ 逆商高

+ 有毅力

+ 有力量

+ 乐观

+ 有兴趣爱好

- 冲动

认知能力

+ 学习成绩好

+ 特殊才能

+ 切合实际的计划 / 未来规划

+ 业绩动机

+ 聪明

自我认知

+ 自我效能感

+ 自信

- 无助

应对困境

+ 主动解决问题

+ 有能力抽离

- 对问题的反应被动或者攻击性强

社会关系

+ 在核心家庭之外有关系密切的人

+ 与教育者关系良好

+ 支持自己的兄弟姐妹

+ 了解人生的意义和架构

+ 笃信宗教 / 有灵性

+ 对已获得的支持表示满意

+ 积极的社会行为

+ 很高的语言能力

教育环境

+ 温暖的，接受的

+ 可控的，规范的

+ 适量的要求和责任

总是快乐的错误：恢复力与健康

情况很糟，但是他知道，自己能够战胜它。像迪克这样的警察是经得起重击的，否则他们根本就不会选择这个职业。然而在2001年9月11日这一天，迪克却感觉自己到了忍受的极限。像他的许多同事一样，这个36岁的男子汉是在纽约世贸大厦遭到恐怖袭击后第一批到达那个可怕的现场的。他们亲眼目睹了人们从正在熊熊燃烧、崩塌倾倒的摩天大厦一跃而下；他们在一片混乱中搜寻和帮助幸存者，然而在废墟中找到的却大多只是尸体，到处都是人的残肢断臂。迪克听到奔跑逃生的人们发出的凄惨叫声，看到他们惊恐的眼神或是茫然失措的脸庞。到处都是蓬头垢面的女人、泪如雨下的男人、惨叫不已的孩子。他知道，在废墟之下还会发现更多死去的人或者他们的残肢，但他还是继续不停地挖掘着，寻找着。

"9·11"事件过后，迪克需要看心理医生了。弥漫在他心里的悲伤怎么也无法停止，每当他清晨醒来，就会被这深深的悲伤攫住。他根本不知道这是为什么。不是因为人们的悲惨命运，不是因为人们疼痛颤抖的脸庞，不是因为每天从媒体上不断听到或看到的关于孤儿寡母的悲惨报道，他知道那是他竭尽全力也无法阻止的事情。是从他的心灵深处涌出的悲伤，他的心理医生说，这是迪克经历那些可怕的事情所导致的后果。不过，与此同时，那位医生也得出结论：虽然这一切的确是很糟糕的事，但迪克最终会战胜它。尽管饱受心灵的创伤，但迪克看上去仍然很自信，并且总体上来说很了解自我，这些都会给他的康复带来很大的希望。

果然，10年以后的迪克几乎又变得和经历"9·11"恐怖袭击之前的自己差不多了。也许他变得比以前敏感一点儿，也许他对人生有了另外一种认知。他在目前从事的警察工作中遇到的一些事情可能会令他回忆起"9·11"事件的经历，但是不会再带给他那种在"9·11"事件过后的头几年感受到的极度抑郁和深刻悲伤。

"我知道，一切都过去了。"迪克后来很自信地说。他从未想过，他的心灵也会受创，甚至到了不得不看心理医生的地步，更没想到的是，这居然还是因为工作中遇到的事。但是，尽管这对他而言只是很短的一段时间，迪克依然堪称是一个具有恢复力的人的典型例子。作为一个战斗型的人，他不会被彻底打倒。遭遇打击后，他要高高撸起袖子再战，而不是颓然倒下。

"具有恢复力并不意味着必须一直表现得很好。"延斯·阿森多夫强调道，因为即便是非常强大的心灵，也依然会受伤。遇到同样的事，有的人坚强面对，有的人则怨天尤人。具有恢复力的人不会任由自己被失望、悲伤或者恐惧所困，也不会轻易缠绵病榻，他会很快重新站起来。具有恢复力的人不会被沉重的命运打击摧毁，而是在遭遇人生的低谷之后仍然奋力向上攀登。

但在以前，科学家们对此的看法却很不同。他们曾经认为，具有恢复力的人是根本不会受到伤害的。这种无法伤害的形象是美国心理学家诺曼·格门茨打下的烙印，他也是最早开始从事恢复力研究的人之一。他对自己在研究那些强者时的发现无比欢欣鼓舞，但其实他很可能是将这些人英雄化了。还有一些科学家也追随了这种观点。"我们一开始也认为这些具有恢复力的人是不受伤害的，"心理学家弗里德里希·洛赛尔说，"因此我们刚开始时将那个研究身处逆境中的年轻人的调研报告取名为'比勒费尔德之打不倒的硬汉'。"而现在，洛赛尔则愿意称之为"比勒费尔德之恢复力调研报告"。

在学术界，"无法伤害"这一完美形象招致了越来越多的批评。早在1998年，芝加哥临床心理学家弗洛姆·沃尔什女士就曾毫不留情地抨击说，"打不倒的硬汉"这个概念很可能源自一种男性梦幻形象和美国式的超人风格。而且随着时间的流逝，这种观念也被证明与研究结果并不一致。因为研究结果越来越表明，即便是具有恢复力的人，也会经历怀疑和绝望的阶段。

"面对命运的打击而不受伤害或者不受影响的根本就不是人。"如今已经过世的瑞士心理治疗师罗斯玛丽·维尔特-恩德林曾这样强调说，"所谓恢复力更像是这样一种能力，它使得人们在遭遇人生困境时能够利用个人及社会资源化解危机，并使之变成发展的机遇。"

具有恢复力也并不意味着完好无损、完全没有变化地回归以前的状态，弗洛姆·沃尔什补充道，而是更多地意味着，一个人在不利的条件下依然能够取得成功，战胜不利环境，从挫折中学习，并且努力将这些经验变成自己人生的组成部分。虽然可能受伤害，但是相对而言可以很快愈合，并能够不留下过大的伤痕。不受伤害？"不，并非如此，"埃米·沃纳在谈及考爱岛的那些孩子时也这样说，"他们会受伤害，但是他们不可战胜。"

"归根到底，我们不应该称之为心理强大，而应该称之为心理的弹性。"健康心理学家拉尔夫·施瓦策说。人们有时会痛苦，有时也可能会被击倒在地，但最终又会拥有力量重新开始。

有恢复力的人可以更好地从负面经历中恢复

拉尔夫·施瓦策对那些和迪克一样参与了"9·11"救援工作的纽约警察进行了特别深入的调研。将近3000名警察已经同意将自己的体检结果储存在"世贸中心健康登记表"（World Trade Center Health Registry，即 WTCHR）中，而施瓦策可以和他的美国同事罗斯玛丽·博勒女士一起使用这些数据。值得赞赏的是，尽管这些警察中有许多人都曾因为这段可怕又难熬的经历而饱受痛苦，但最终绝大多数人依然生活得很健康。

在接受检查的2527名男警察和413名女警察中，仅有7.8%的人曾在事件发生后两至三年出现创伤后应激障碍，即PTBS[①]。但是，在这些男性中，这个数据在五至六年后升至16.5%。"PTBS常常会滞后出现，"施瓦策说，"尤其是男性。"因此，在经历"9·11"恐怖袭击后两至三年，罹患PTBS的女警察的比例几乎是男性的两倍。但在五至六年后，罹患PTBS的男女比例则变得差不多一样了。

因此，施瓦策的调研报告也验证了以下结论：即便人们在刚开始的时候能够应对创伤性事件，依然可能在多年之后受到打击。在遭遇命运的打击之后，一个人很可能刚开始时应对得很好，但是他/她的状况仅仅是准稳或者说亚稳的。"一旦在其后来的人生中出现一点儿风吹草动，这种心灵创伤就会又突然出现。"施瓦策说。比如，一个相当危险的因素就是，在经历严重的事件之后，人的身体机能可能会持续受损，或者不得不放弃工作，仅仅因为不想再次面对同

---

① 此为德文缩写，英文为 post-traumatic stress disorder，缩写 PTSD。

类事件。

但是,有超过80%的纽约警察并没有受到长期的PTBS困扰。其中个性特别坚定沉着的人所占的比例也特别高,施瓦策强调说。看起来,这些警察中具有恢复力的人要比普通人更多,因为很少有直接当事人能够毫发无损地经受住这种恐怖的袭击。"这些警察肯定不是普通人。"施瓦策说。不过,他们应对灾难或不幸的恢复力也许并不仅仅来自于他们自身,而是很可能也同样受到了外在因素的影响。"比如,他们之所以能够恢复得这么好,可能与他们接受过如何应对极端事件的训练有关。"这位健康心理学家说。

归根结底,正如研究结果所显示的,在普通人群中也同样仅有少数人会因为遇到的不幸灾难而导致巨大的心理创伤。"灾难可能会令人产生害怕、悲伤、抑郁和自杀倾向,也可能导致其突然开始吸毒,"临床心理学家乔治·布鲁诺说,"但是真正会产生严重损害的很少超过30%。"

另外,这些压力也可能会导致身体的疾病。"强大的心理会对健康产生巨大的影响,并且这种影响早就不局限于PTBS以及其他的心理现象,"拉尔夫·施瓦策说,"还会以一种奇妙的方式出现在那些需要介入手术的人身上。"

在手术前,施瓦策及其团队先通过问卷调查确定病人的自我效能感有多高,甚至就连其社交圈也作为恢复力的另一个度量标准被同时列入,例如其社交网络有多少人,有多少朋友,他在其中获得的安全感如何,等等。

结果非常清楚地表明,在心脏病患者中,具有恢复力的人术后恢复明显更好。在接受介入手术后一周,与那些自我效能感和安全感较低的病人相比，他们身上的病症明显减少，伤口愈合得也更好，已经可以在病房里散步，看起来也更活跃。术后半年，恢复力又一次显示出其疗效：这些自信的人已经制定了许多休假计划，在家里和花园里干更多的活，而且常常已经重返工作岗位。

卡尔纳·莱伯特的同事们也得出类似的结论。他们调查的是癌症患者在放疗后出现的疲劳感。这种所谓疲劳感常常在癌症患者身上出现，有时会作为疾病的心理反应出现，也可能是由于化疗或者放疗导致。对100多位癌症患者进行的调研显示，与个性相对不太坚定强大的患者相比，那些恢复力比较强的患者出现的疲劳感相对要弱一些。

心灵恢复力也表现在如何对待慢性疾病上，比如糖尿病。现在，糖尿病已经不再是真正的威胁了，只要病人能够树立正确的观念并且按时服药，通常说来是能够很好地控制病情的，其后遗症的风险——比如对眼睛和肾脏的伤害，也可以减小到最低程度。但是糖尿病对于日常生活的影响还是非常大的，只有极少数病人能够在饮食上毫无顾忌，同时病人还需要按时服药，不能遗忘。

因此，社会学家莱伯特女士就此进行了调研，想了解对于糖尿病患者而言，强大心灵的影响力有多大。结果显示，那些心理测试结果特别具有恢复力的糖尿病患者的生活质量的确更高。"他们自述，患病的人生的确很难，但是我能克服。"莱伯特说，结果他们的自我感觉明显要比那些不太有恢复力的患者更好些。

"这种感觉不一定是客观的生理状况的反映。"莱伯特强调说。从医生的角度观察，具有恢复力的糖尿病患者的状况并非一定会更好。"但是在主观上，他们能够比恢复力弱的患者更好地战胜疾病。"

这位社会学家继续说。他们能够很好地照顾自己,对于陪伴的需求较低,向医生的咨询也更少。

那么,这些有助于健康的强大因子究竟与哪些性格特质有关联呢?拉尔夫·施瓦策同时针对不同的心理挑战进行了调研。结果显示,自我效能感甚至能够通过生理测量出来。依据施瓦策的观点,它会在富有挑战的情境下对人的血压、心率以及肾上腺素产生影响。而这一点可以通过治疗来改变:有一个调研报告显示,如果通过治疗来强化风湿病患者的自信,那么他们感受到的疼痛就会减轻,并且能够更好地应对日常生活。

施瓦策认为,除了自我效能感之外,乐观主义精神的作用也非常显著,而这一点恰恰是具有恢复力的人特别明显的性格特点,他们通常能够积极面对健康和疾病。他说:"乐观主义精神多则意味着恐惧感少,而恐惧恰恰是导致痛苦程度高和抗挫力低的主因。"

压抑是被允许的

假如西格蒙德·弗洛伊德还活着的话,他会对恢复力说些什么呢?因为在这些强大的性格特质中,至少那种在最短的时间内搁置危机并敢于重新开始这一点,就显然与他的理论相悖。这位心理分析学的奠基人总是不断地强调说:在失去心爱的人或者东西——比如职业、熟悉的环境——之后的那种悲伤不仅是正常的,而且也是重要的。如果谁没有深入研究过那种空虚、失落、离别的感觉,换句话说,谁要是抑制这些感觉,就会面临患上源自心灵深处的疾病的风险。弗洛伊德还警告说,恐惧症、神经官能症以及他所称的"歇斯底里症",也会最终导致人的身体出现疾病。

西格蒙德·弗洛伊德在19世纪末提出了"压抑"(Verdrägen)这个概念,并在1915年的一篇论文中对其进行了详细阐释。自此以后,心理学家和精神病学家一直对这一概念的价值争论不休。尽管人们在日常生活以及专业术语里早就开始使用这个词,并且也相信在行为和疾病的形成之间存在着直接的关联,但是迄今未能从科学上提供证据。根据弗洛伊德的理论,压抑是一种绝对自然的过程,既会令人产生痛苦,又会给人们带来恐惧。

但是,压抑和遗忘的界限何在呢?什么是健康的?什么是不健康的?就在不久前,耶拿大学的两位科学家进行了一项有趣的实验。马库斯·蒙德和克里斯丁·米特希望能用科学数据论证这个观点:压抑会导致疾病。为了选取有用的材料,他们开始追溯已经积累的非常庞大的数据。他们在世界范围内收集所有能找到的相关数据,这些数据都是科学家对相同人群所做的关于疾病和压抑的调查得出的，但涉及的痛苦种类却是各种各样的。比如，既有哮喘和心脏循环疾病的，也有糖尿病和癌症。

蒙德和米特在学校的数据库里一共发现了22篇调查报告，涉及7000名调查对象。从这些数据中，他们得出结论：在压抑和疾病之间的确存在关联。尤其明显的是，在那些比较压抑的人中出现高血压的倾向。心理学家称这样的人"压抑者"，这个词源自英语中关于压抑的概念①。"每个人都会在某些时候出现不舒服的感觉。"马库斯·蒙德说。这是一种普遍存在的、非常自然的防御机制。但是，对于压抑者而言，"防御法则显然已经深入到他们的骨子里了"。

许多压抑者在心灵深处是恐惧的，虽然他们常常声称自己的恐惧感特别少。他们不喜欢听负面的新闻，不喜欢深入了解自我。"但是如果使压抑者承受心理压力，他们的身体就会出现剧烈的恐惧反应，如出汗或者脉搏加速等。"蒙德说。高血压也包括类似症状，那么高血压是否是这些特殊的心理构造的结果呢？或是仅仅偶然伴随其一起出现？这一点仍然没有得到证实。但无论如何，血压持续升高会给人的身体带来严重的后果，比如心脏循环系统的疾病，或者对肾脏和眼睛的伤害。因此，压抑也许真的会导致疾病。

但是，要顺便一提的是，目前已经证明癌症的形成与被压抑的感情无关。那种观点，即所谓的"癌症性格"会引起或者促进恶性肿瘤的增长，是缺乏根据的。认为人们患上癌症是因为其个性——也就是说好像是患病人自己的责任，这种观点属于"医学史上的垃

---

① 原书中使用的是 represser 一词，源自英语 psychological repression。

圾"。内科医生、肿瘤学及心身医学家赫伯特·卡普夫总是一再这样强调，他曾在纽伦堡大学综合诊所领导一个心理肿瘤学研究小组多年。

依据蒙德和米特的分析，事情恰恰倒过来才对：人们不是在得到癌症诊断之前出现压抑倾向的，而是在此之后。他们不是因为自己是压抑者而患上癌症，但是癌症显然改变了他们对待负面消息的态度。一些人不愿意承认自己患上了致命的疾病，另一些人试图尽一切努力遏制恐惧、悲伤等不舒服的情绪，还有一些人则把所有其他问题都推向一边，深深陷入诊断带来的严重焦虑中。

抑制情绪也并不一定全是坏事。从发展趋势上看，这样的人在接受化疗时的痛苦要比那些充分感受疾病带给自己的情绪低潮的人要少，马库斯·蒙德说。正因为压抑者的控制需求如此高——控制自己的疾病、忧虑和人生，他们通常也非常遵守纪律，并且时刻准备为了治病的需要而改变自己的生活方式。

但是抑制并不只是压抑者所为，乐观的人也可能会将负面信息推向一边。这一点并不奇怪，而且现在也从科学上得到了证实。不久前，英国和德国的神经科学家通过核磁共振成像对受测者的大脑中出现的反应进行了观察。首先让受测者躺入检测舱，然后让他们预测在自己的人生中遭遇各种各样的不好的事情的概率有多大。比如，他们患上肠癌的可能性有多大？遭到电打雷劈的概率有多大？当受测者猜测完之后，会将真实的统计概率告知他们。

在第二次测试的时候，出现了一个令人吃惊的结果：所有受测者都将他们的原始预测数据向下调整了，而不是向上。如果向他们提及的是一个较大的危险时，他们通常会对此置之不理，而只会将比较小的危险纳入个人的风险评估中。在乐观的人群中,那个负责发挥这种"玫瑰色眼睛"(即总是乐观看待问题)作用的大脑区域特别活跃,其中一位女科学家塔利·萨洛特这样说。"我们只挑我们想听的信息来听,"她说,"我们越乐观,就越不会让自己受到关于未来的负面信息影响。"

压抑也可能是好事。关于这一点,也曾有来自别的研究领域——比如创伤领域——的心理学家坚信不疑。以前,每当发生严重的交通事故、银行抢劫案或者恐怖袭击,治疗专家和心理干预团队就会立刻介入,和那些遭遇不幸的人谈论刚刚经历的可怕的事,让他们仔细回忆并详细叙述每一个细节。对负面经历的类似处理也是心理分析的一个组成部分。但是随着时间的推移,心理学家们已经确信:通常在事故发生地点进行的这种所谓的重大事故应激晤谈只对少数人有用,对许多人而言甚至反而有害。有时,恰恰是这种被迫面对灾难的做法导致持续不断的心灵创伤——如恐惧和痛苦——出现。

因此,人们开始逐渐转变做法,让这些遭遇不幸的人安静独处,如果谁想说,才让他说。在2004年印度洋发生海啸之后,世界卫生组织甚至还特别提出警告,此时不要到这场灾难的受害者家里去进行应激晤谈。

许多当事者决定保持沉默,因为他们要首先自我消化这件事。以后他们或许会向心理学家寻求建议,但也有许多人根本没有这个需要。自愈力常常会发挥作用,社交网络也会提供足够的帮助。创伤治疗专家乔治·皮柏说,如果有人在遭遇创伤后去向他寻求帮助,他会建议对方等两个月再来。皮柏在德国马尔堡附近有一家诊所,并且很多年前就成为欧盟心理协会危难和危机小组的成员。他致力于构建欧洲统一质量标准来帮助灾难受害者，以避免类似于被强迫应激晤谈的事在未来继续发生。皮柏说，正确应对可怕经历的方式多种多样，差别极其巨大，既因人而异，又因事而异。

早在多年以前，荷兰心理肿瘤学家贝特·加森就敦促他的同行们要更严格地区分"压抑"这个概念。比如应该鉴别，病人在日常生活中是否会设法不让别人发现自己的情绪，或者是否会忘记不幸事件的细节——比如遭遇强奸时到底发生了什么事，或者在战争中遭敌军洗劫家园并威胁时有什么感觉，等等。

有时，压抑者甚至还特别具有恢复力。在可怕的情境中，将负面情绪以及信息抑制住很可能恰恰是正确的做法，卡尔纳·莱伯特说。长期将脑袋埋在沙子里做鸵鸟肯定是有害的，但是偶尔压抑一下不仅是有意义的，而且还是一种重要的保护机制，正是它帮助我们继续生存下去。如果能够在遭遇巨大悲伤的时候向前看，并转移自己的注意力，人们就可以更快地走出悲伤。专门研究悲伤的美国专家乔治·布鲁诺发表的一篇研究报告也说明了这一点，那份报告是针对失去共同生活多年的伴侣的老年人的。尽管失去了老伴，但那些积极面对生活的老年人悲伤的长度和力度都较低。虽然他们也曾陷入泪海，但还是做到了重新安排好自己的生活，并很快建立了新的人生观。

"拥有良好的防御机制，这句话尽管意味着'承认偶尔情况会糟糕'，"卡尔纳·莱伯特说，"但同时也意味着'如果太糟了，那就关上它'。"谁具有恢复力，谁就会让痛苦的回忆、消息或者忧愁远离自己——在被它们摧毁之前。

但是，难道这些人不用担心将来某一天会突然再次遭到这些被压抑的情感的袭击么？不会的，心理学家塔尼亚·措讷女士认为被压抑的回忆并非一定会爆发。如果内心渴望转移目标并寻找新的人生道路，这非常好，她说，"如果不提了就真的会忘掉，那也很好"。

对于那些很情绪化，既会高兴得要命也会伤心得要死的人而言，这样的话也许值得一听：别陷得太深，危机并不需要仔细感受。塔尼亚·措讷认为，压抑者本人很可能一直处于情绪的中心。"在危机中没有陷入太深的人，尽管会少受一点儿痛苦，但也常常在积极性上不太大。"她说，"相反地，对于在遭遇危机时特别悲伤和绝望的人，有一点或许可以聊以自慰，那就是他/她能够更强烈地感受到爱和幸福。"

即便事情实在太糟糕了，仿佛是从天堂般的快乐坠入地狱般的痛苦，那也绝对可以令人认识到，并非每一个不幸都会令其坠入心灵的深渊。"这也取决于个人的评价，"措讷说，"不必在每一次危机中都仅仅看到坏处。"

在不幸中成长

任何事情都会有好的一面。这句话是多么美好的安慰！而且大多数人也都坚信这一点：无论遇到多么可怕的不幸，最终人们也大多会从中得到一些好的东西。惨痛的经历会随着时间的流逝酿造出意外的甜蜜芬芳——老人们常说这样的话，许多人也在自己的人生经历中体会到这一点。

"并不是说，我很庆幸遭遇了如此可怕的交通事故，"一位因为遇到交通事故而再也无法站起来的女士对她的心理医生这样说道，"但是在我的人生中，我第一次有时间给自己，能够做一些对我自己很重要的事。我现在参加了冥想团体，这让我收获很多。"这位女士和许许多多人一样，坚信个人的不幸遭遇会令人生产生积极的正向变化。"我现在懂得更积极地看待人生，"她继续说，"更加意识到要珍惜当下的快乐幸福，并感恩我拥有的一切。"

许多人在遭遇不幸后描述的这种现象也吸引了心理学家的目光。如果人们不仅能够很好地战胜个人灾难，甚至还能最终令内心变得更加强大，这不正是恢复力的完美体现么？那么，这岂不是我们所有人都应该追求的理想：将从人生这个课堂里学习到的经验教训变成我们成功人生的养分。

基于这些观察，美国心理学家理查德·特德斯基及劳伦斯·卡尔霍恩创立了一个新的研究方向：创伤到底有多大用处？他们想深入了解这个领域，并发明了一个新的概念：创伤后成长。也有些专业人士称之为"个人成长"或者"发展"，用来表述人们在遭遇令自己害怕、无助或者恐惧的不幸灾难之后的个人成长。

特德斯基和卡尔霍恩与无数经历过各种各样危机的人们进行了交谈，其中一些是可怕事故的幸存者，一些曾遭遇过强暴，还有一些则经受住了致命疾病的考验，或者被迫面对突如其来的打击，比如HIV阳性，等等。无论这些受访对象经历的是什么样的创伤，其结果却基本相似——在这些遭遇不幸的人中，有一半以上都认为自己最终从不幸中有所收获。心理学家经常听到这样令人惊讶的话："当时的情况的确很糟糕，但是我也因此成熟很多。"

另外一些当事人则说："虽然我再也不想遇到曾经经历过的那些事情，但它毕竟令我学到很多。我找到了新的人生之路，发现了属于自己的信仰。总体上来说，我对人生更加尊重。"还有一些人认为："我现在更看重一些别的东西，也认识到原来有那么多可能来充实自己的人生。"

许多人说，他们意识到了人生是多么无常，生命是多么脆弱，所以他们要比遇到不幸之前更加努力地生活，把握当下，享受此刻的幸福。而且他们也比以前更加强烈地感受到对亲人的爱，"艰难的时光令我们彼此联结得更加紧密"。还有些人则看到自己的恢复力的增强："我希望那一切都不曾发生，但是我知道，也承受了很多，在未来我的承受力会更强。"

这句话令人不禁想起弗里德里希·尼采的那句名言："那不能杀死我的，使我更强大"。这位哲学家说的这句话并非指的是恢复力，但是当今心理学家们所称的恢复力却和他描述的"发育良好"有相似之处。到底应该怎么理解"发育良好"呢？一个发育良好的人仿佛由树木雕刻而成，兼备坚强与柔软，而且芳香宜人。他只吸收有益自己身心健康的东西，一旦娱乐爱好影响健康，他就会停止。

在特德斯基和卡尔霍恩调查过的人中，谁遭遇的不幸越大，就越相信自己因此得到成长。这几乎令人产生一种印象：似乎可怕的不幸恰恰是令人成熟、幸福的必要条件。

创伤专家乔治·皮柏也不断听到类似的故事，并对此一言以蔽之地说：如果一个麻木不仁的经理突然开始聆听蜜蜂的嗡嗡吟唱，的确是令人感动的事。在皮柏的病人中，既有家庭暴力的受害者，也有意外轧死路人的司机。在有些人身上，那种之前被完全掩埋的潜能会极其突然地苏醒，并且他们显然对自己此后的人生变得更加满意。

那么，难道说不幸反而会令人幸福？而且同样也是因为恢复力的神秘力量在发挥作用？

心理学家塔尼亚·措讷女士却对此持怀疑态度。"肯定是有非常令人感动的故事的。"她说。她总是对此感到很吃惊，因为许多人都说自己对遭遇不幸后的个人发展是多么满意。"但是要小心的是，这毕竟都是那些调研对象自己说的。"这位心理学家提醒道。认为自己在不幸中得到成长这种观点很可能只是一种愿望，而不是事实。"许多人愿意这样想。"措讷说。她的一个病人的说法或许可以用来解释，为什么许多人在遭遇灾难后都拥有这种创伤后成长的意愿："既然这件事必须发生，那么至少得有点儿好处。"这种想法无疑可以带来一些安慰。

这位心理学家决心挖掘出这种创伤后成长的背后掩藏秘密。于是，她和自己的博士导师、如今在苏黎世大学任教的安德里亚斯·迈克尔一起着手对这一现象进行调查研究。在这个过程中，首先引起两位科学家注意的是，如果对危机过后的心理状态进行评估的不是当事者本人，而是别人的话，对于这种创伤后成长的确定性就小多了。

此外，当事人对自己的看法特别容易受到影响。有两位加拿大的社会心理学家曾通过一个令人难忘的实验再次验证了这一点。凯斯·麦克法兰和策莱斯特·阿尔瓦罗要求受试者回忆自己不久前遇到的不太好的事，然后要他们描述自己现在的性格和两年前的性格。心理学家首先了解受试者的个人情况，诸如他们怎样评估自己的同情心，以及是否具有明确的人生目标等。另一个小组的受试者也要回答同样的问题，但他们事先被要求说一些美好的经历。

有趣的是，在涉及对目前状况的自我评估时，两个小组之间没有什么区别。但是，那些被唤醒不好回忆的人在评估不幸事情发生前自己的内心强大程度和恢复力时都特别低，而且两者是正相关的，即这个回忆对其自我价值感动摇得越厉害，其评价值就越低。可以说，他们对过去的自己实在太贬低了。因此，照这么看，受试者坚信的所谓创伤后成长只不过是他们对过去的自我过于负面评价的结果，而且这个结果是可以操控的。

另外还有一些事也令塔尼亚·措讷和安德里亚斯·迈克尔产生了怀疑。比如，被感受到的创伤后成长高低在很大程度上取决于人们生活的国度。通常情况下，心理学家们会借助于一个专业的调查表，即特德斯基和卡尔霍恩的"创伤后成长问卷"来确定一个人的创伤后成长有多高。这个调查问卷会问及诸如"自信感"、"对他人的亲密感"或者"新兴趣的发展",等等,一共涉及80个方面。在美国,大多数人在经历类似"9·11"事件这样的危机后认为自己的成长达到60—80条,而在德国,同样情况下的成长则只有大约40条。

塔尼亚·措讷是这么解释的:在美国,这属于既定的"文化剧本",即从危险中也常常能看到机遇,因此美国人理所当然地认为自己也要这样过活。在癌症病人心理研究领域已经工作30多年的精神病科医生吉米·霍兰女士甚至称之为"积极思想的暴行"。但是,这很可能并非是美国人拥有上述这种爆发性的个人成长数值背后的唯一原因。也许并不仅仅是内心的社会责任感促使美国人在遭遇不幸之后高高卷起袖子并将嘴角向上弯起,而是那种更偏向乐观的文化基础真的令他们更容易获得成长。

自我欺骗还是真正成长

那么,那些声称自己获得创伤后成长的人是真的将危机变成了新开始的契机,还是他们只不过是在自欺欺人?

"在遭遇命运打击之后,人们对于人生的意义有了前所未有的认识,或者和周围人的关系变得更加紧密了,这样的情况无疑是存在的。"塔尼亚·措讷说,"但是也可能有另一种可能性:幻觉。"

第一种情况,人们的确在克服逆境的过程中变得成熟了,创伤后成长就是他们克服危机、战胜逆境的直接成果。但也存在第二个可能性,即那种认为自己因为不幸而变得更坚强、更成熟,甚至更幸福的感觉只是一种幻觉,是克服逆境的过程的一个组成部分。

当然,这种自我欺骗不一定是坏事。"对大多数人而言,对自己抱有幻想是日常生活中常见的事,"塔尼亚·措讷说,"可以说,它们与艰难的环境紧密相连。"但是,这种心理上的危机赢家的幻觉有时也会产生不好的后果。"到目前为止,创伤后成长一直没有受到什么质疑,而是总被视为积极的、值得追求的。"这位心理学家说。但是,如果不幸之后的幸福只是人们虚构出来的,则可能会妨碍人们真正战胜创伤。那么,这种创伤后成长就会带来许多痛苦。因为其存在两面性,迈克尔和措讷也称之为"创伤后成长的双面模型"。

几年前,这两位心理学家在一篇论文中指出了这一点。措讷和迈克尔与德累斯顿工大的科学家们一起对100多个人进行了调查,这些人都是严重车祸的受害者,其中一些甚至曾生命垂危。他们中的一些人在此后出现创伤后应激障碍,也就是说,他们忍受着噩梦的折磨,没有能够走出已经发生的不幸,重新开始新的生活。他们无意识地不断重复忍受着不幸,表现出强烈的情绪反应和身体反应。

原本想忘却不幸,但那个画面却不知不觉就会出现在脑海,对于这样的事,我们每个人可能都遇到过。通常情况下,事情过去一两天后这样的画面就会消失,但是PTBS患者却并非如此。对他们来说,这种闪回现象会超过一个月。"这些画面持续不断地出现,而且非常可怕,以至于当事人千方百计想要避免它们再次出现。"措讷说。但是这种回避行为也反过来说明了应激障碍的存在,会给当事者的人生造成困扰。

在对交通事故受害者进行调查的时候，措讷和迈克尔原本是想以此揭开创伤后成长与PTBS出现之间的关联的。但令人惊讶的是，从他们的调研报告来看，在那些自称从交通事故中得到成长的人身上出现的PTBS绝不比别人少。不过，如果心理学家进一步观察并从专业的角度来询问创伤后成长，就还是会显示出区别。

也就是说，有PTBS的人更倾向于坚信自己在精神上获得了成长，对人生价值有了更高的认识。相反，那些没有PTBS的人则认为自己在遭遇交通事故后性格变得更坚强了。

"个性坚强程度的增长不像精神上或者对人生价值认知上的提升那么容易让人相信。"措讷这样解释。她认为，自称精神和人生观上得以升华的人更有可能成为创伤后成长幻觉的牺牲品。而且事实上更令人震惊的是，"谁更绝望，谁就更容易臆想这种成长"，措讷说。

而那些出现PTBS的人，则通常是在成功克服了创伤之后才会相信自己获得创伤后成长。"只有能够向前看，并且准备好开始新的人生体验的人，才有机会获得成长。"措讷说。

但是，在经历可怕的不幸之后是否会出现PTBS，与人的性格其实没有多大关系，最主要还是取决于其遇到的是什么样的命运打击。性暴力的受害者出现持久噩梦折磨的风险最高，有2/3以上的受害者出现PTBS。遭遇刑讯或战争的人中有大约1/3，身体暴力的受害者则有17%，而在严重交通事故的受害者中，这个数据只有7%。"其次才是性格所起的作用。"措讷说。

在如何对待创伤方面，环境也起到一些作用，比如来自社会和情感上的支持，也就是说，有其他人走近陷入困境的人，并向其伸出援助之手。

此外，创伤发生的时间也很重要。是发生在成人时期而且在童年时代受到很好的照料爱护，长大后建立了家庭或者在职业上有所建树，还是说创伤是在尚不具备处事能力的童年时代就已经发生？"如果在非常年幼的时候就遭遇创伤，"措讷说，"那么当事人大多会在以后的人生中也特别容易受伤。"即便周围所有人都确信其性格坚强，也同样如此。

尽管对于遭受过创伤的人而言，创伤后成长常常只是一种空中楼阁式的幻想，但是借助于心理治疗，却常常还是能够使之成为真正的成长。这一点首先在乳腺癌患者和性暴力的受害者群体中得以体现，而在2010年，安德里亚斯·迈克尔和塔尼亚·措讷也在其调研的交通事故的受害者身上证实了这一点。那些参加了以克服创伤为目的的行为治疗培训班并成功结业的人，后来被证实在个性强大程度上提高了，这种成长可能是因为他们完成了富有挑战的治疗而促成的。认知上的行为治疗不是吃糖，在治疗中，受过创伤的人要被迫直面他们原本拼命渴望逃避的东西。尽管压抑也可能挺好，但是对于患有PTBS的人而言，那种担心噩梦再现的恐惧实在太大了，以至于这种逃避会损害他们未来的人生。回避或者压抑并不能使他们得以解脱，反而会阻止他们在未来无拘无束地生活，比如受过严重创伤的交通事故受害者可能在很长时间内不敢再坐车。"治疗的目的就是使这种回避行为得以消除。"健康心理学家拉尔夫·施瓦策说。因此当事人被提醒，在经历交通事故以后要重新开车，或者在别人开车时一起坐车，也可以在开车时把速度加快一些。心理治疗专家会分别根据当事人恐惧的症结所在给予不同的建议。

因此，在治疗中，当事人要尽可能地再一次经受住自己的恐惧，将过去的那些可怕经历真正作为"过去"保存起来。通过这种方法，那些参与治疗的交通事故受害者真的又开始开车了。

"另外，从受害者角色中走出来也常常很有帮助。"创伤专家措讷女士说。因为，如果人们自视为受害者，就会把自己的人生交给第三者或者环境来负责，而人们显然对这两者的影响力都很弱。"人们应该重新承担起对自己人生的责任，这一点很重要。"措讷说。因此，为了帮助她的病人走出无助的处境，这位心理治疗专家会非常具体地提出这样的问题：你可以在哪里产生影响？她敦促病人对自己说，现在不再抗拒那些回忆，不再绞尽脑汁地逃避过去了。

尽管遭遇重重逆境，却依然能够掌控自己的人生——关于这一点，业已去世的以色列裔美国医学社会学家阿隆安·安东诺维斯基早在1994年就已经认识到其重要性。安东诺维斯基提出了"健康本源学"这个概念，而这个概念被视为恢复力的前期阶段。在上个世纪60年代，这位社会学家对大屠杀中幸存的女性进行了调研，其中一些不仅经受住了集中营中令人难以想象的恐怖生活，而且没有留下持久的心理阴影。按照安东诺维斯基的说法，这些女性非常聪明，她们将大屠杀带来的恐惧转变成可以理解、掌控和有意义的事。

维也纳精神病学家维克多·弗兰克尔甚至认为这种对于意义的

追寻是极为重要的。这位同样对大屠杀的幸存者进行过研究的科学家说：这种"追求意义的意志"要比"追求享受的意志"以及"追求权力的意志"更扎根于人的内心。

尽管对于创伤后成长存在诸多未解决的问题，但有一点是确定的：亲朋好友和熟人绝对不要对受创者从危机中获得成长抱以期待。特德斯基和卡尔霍恩也强调过这一点。因此，医生和心理治疗人员应该非常明确地对病人说，即便他们没能成功地从自己经历的可怕灾难中获得成长，他们也不是失败者。与此同时，专业人士也不应该排斥那些自以为获得创伤后成长的人产生的幻觉——只要这种幻觉不会阻碍对创伤的治疗。"如果人们发觉这种成长，就应该支持、鼓励它。"安德里亚斯·迈克尔说，"治疗专家应该让人们自己找到解释、阐明和解决问题的方法或者康复之路。"

那么，真正的创伤后成长是否等同于恢复力呢？

至少这两者看起来都具有一个显著的特点，那就是乐观主义。在2001年，"9·11"恐怖袭击发生仅几个星期之后，心理学家们曾询问过46个大学生。芭芭拉·弗雷德里克森小组最幸运，他们碰巧在年初就已经就调研过这些学生了，因此能够直接就这个基地恐怖行动对大学生的心理影响进行测评。"积极的情绪会导致创伤后成长。"弗雷德里克森从自己的分析中得出这个结论。除了乐观主义之外，通常还对人生感到满意和感恩。尽管这一切都是恢复力的组成部分，但是恢复力本身并不会导致创伤后成长。

"具有恢复力的人很可能不会很容易在危机中得到成长。"塔尼亚·措讷说。因为既然自己的内心很难被撼动，那他也就不必在生活上改变什么，因此相对而言也就几乎不太可能脱胎换骨。

照此来看，创伤就仿佛是一次地震，只有当其达到一定的强度，才有可能看见此后的变化。因此，与敏感的人相比，心理特别强大的人很可能必须经历一场特别可怕的灾难，才能真正获得这种创伤后成长。

哪个性别更强大？

渐渐地，恢复力泄露出它的秘密。如今人们已经知道，有许多性格特征都能帮助孩子克服不利的环境条件，健康成长，或者有助于成年人战胜那些严重的、有时甚至看起来是摧毁性的危机。但是，究竟性别对于心理的稳定性有哪些影响呢？肌肉发达的健美先生的心理强度如何？四肢纤细的母亲又是怎么样的？在心理恢复力方面，男孩和女孩、男人和女人之间有区别吗？

简而言之：到底哪个性别更强大呢？

这个问题看起来如此明显，可令人奇怪的是，迄今为止却很少有人研究这个课题。这项研究可不仅仅是为了充实上班途中的话题或者丰富晚上聚会时的谈资，而是为了能够找到有助于人们向同性别的人学习克服危机的方法，并且有助于了解，在同样的人生阶段，男孩和女孩分别需要哪些支持和帮助。

在对考爱岛孩子的研究中，关于性别方面的差异，研究人员首先得出的一个明确结论是：女孩们显然看起来更强大。与男孩相比，她们很少出现行为偏差，通常拥有一个正面的榜样。当她们长大以后，情况也同样如此。"在童年时代以及成年以后战胜逆境的人中，女性的比例都比男性高。"考爱岛调研的负责人埃米·沃纳说。

但是，随着时间的推移，人们发现这个结论或许并非完全正确。

发展心理学家安哥拉·伊特尔和赫伯特·舍特豪尔警告说，人们在评判两种性别的心理恢复力差异方面有些太轻率了。他们说，男孩和女孩各自面临的成长危机差异性非常大。这些危机既可能造成伤害，也可能带来成长。在幼年和童年时期，男孩的抵抗力的确比女孩弱，这一点也得到伊特尔和舍特豪尔的认可。男孩常常会出现阅读困难、自闭问题和 ADHS[①]，而且更容易做出与社会通行规范相悖的行为。"女孩弹性更足一点儿，"安哥拉·伊特尔说，"相反地，男孩则更早面临遭遇心理打击的危险。"这也与德国中小学教育对女孩更容易一些有关，其设置和要求更适合女生。"在学校里要求整洁有条理，要展示自己，要接受他人的观点看法。"安哥拉·伊特尔说，这些要求对女生往往更容易一些。而且在青少年时期，女生在思想上也通常比男孩更成熟。

令人惊讶的是，即便是遭遇严重的虐待或者强奸，刚开始时在小女孩身上也并没有出现行为问题，而同样遭遇的小男孩则常常变得具有攻击性以及"反社会"。也就是说，他们无法再真正融入社会，因为他们不接受社会准则，他们常常容易偏激、冲动、逆商低或者情感冷漠。

"男孩子似乎在10岁以前容易受到伤害。"心理学教授弗里德里希·洛赛尔也这么说。但是在青春期，情况就反过来了。这个时候，在那些不得不忍受家庭压力的女孩身上也常常会暴露出童年时代的创伤。

按照两位发展心理学家安哥拉·伊特尔和赫伯特·舍特豪尔的观点，总的来说，青少年时期的女孩遇到的危机要比男孩多，而且情感位值更高。这个年龄的女孩更经常谈及在小团体中的烦恼，比同龄男孩承受的慢性压力更多，而且她们对自己的满意度也显然不

---

① 注意力缺乏综合征，又译注意力缺陷多动症，简称多动症。

高。"青春期的女孩比男孩更常谈及所承受的社会角色期望值，比如那种要极端苗条的完美要求等。"伊特尔和舍特豪尔说。

在同样的情境中，那些具有恢复力的孩子似乎要比那些抵抗力不稳定的同龄人具有的抗压能力更强些，她们较少出现具有明显性别特征的行为。因此，心理强大的女孩不像别的女孩那么胆怯腼腆，她们对自己的身体有很好的控制力，并且对参与那些似乎不太适合女孩的活动表现出更大的兴趣。心理强大的男孩则比没有恢复力的男孩拥有更多的情感和感情移入。

也就是说，心理强大的孩子可能更具有勇气打破性别角色模型，追随自己的想法。但是其原因和作用可能恰好相反：因为这些女孩和男孩兴趣广泛，并且还没有明确定性，所以他们"可以动用的反应可能性更广泛"。安哥拉·伊特尔这么认为。在他们必须寻找解决问题的出路时，这一点当然会很有帮助，也因此会增强恢复力。"反之，性别意识太强不利于人生的精彩，"伊特尔说，"而且更令人容易受伤。"

对于女孩在青春期出现的这种性别由强变弱的转变，儿童精神病学家马丁·霍尔特曼和神经心理学家曼弗雷德·劳希特提供了一个神经生物学的解释。女孩比男孩成熟得早，在大脑方面也是如此。"这种伴随更好的恢复力同时出现的是对神经精神发育障碍的克服，"霍尔特曼和劳希特说，"然而与男孩相比，在后来的成长过程中伴随青春期出现的荷尔蒙的变化却带给女孩更大的风险。"

霍尔特曼和劳希特认为，生物学机制从一开始就参与了性别的差异。早在子宫中，女孩和男孩受到的荷尔蒙和免疫上的影响就是不同的。"这些差别可能对于大脑发育产生有性别特色的影响。"他们在书中写道。在男孩和女孩的脑部发育中存在这种区别,这一观点在今天看来已经是无可非议的了。例如,这两个性别无论是在语言还是在空间刺激上都是不同的。

因此在两性比较时不断显示出,恢复力并非一旦获得就会永远拥有的特质,而是一种现象,取决于人们所处的时间和面临的情况。

如果更仔细地深入研究下去,就会发现这两种性别在心理发育不良方面的脆弱表现也明显不同,尽管男孩的问题更引人注目,因为他们经常将这些问题外溢出来。正如心理学家所说,如果男孩无法自控,他们经常表现出侵略性,甚至犯罪;女孩则更倾向于将自己的问题内部消化,比如她们会出现抑郁或者暴饮暴食。

与男孩相比,在青少年时期,"女孩更经常被诊断为抑郁症",安哥拉·伊特尔说。雌激素似乎在其中扮演了一个角色,它使得人的心灵深处容易生病。这可能与青春期的女孩突然出现抑郁症的现象相符,同时也与更年期的女性不再比男性更容易生病的情况一致。

但是,还有一点也很有可能,那就是年轻的女人可能更容易被诊断成抑郁症,而男人却被忽视了。几年前,有一份世界卫生组织的调研报告也指出了这一点。尽管参与调研的男性和女性向自己的主治医生描述了相同的症状,医生对女性下抑郁诊断的概率却明显大得多。另外,安哥拉·伊特尔还提出一点要思考:"抑郁也可能通过攻击性或者酗酒表现出来,并不仅仅是通过巨大的悲伤。"因此,在这些主要出现在男人身上的异常行为中也常常掩藏着同样的起因,就像女性的抑郁沮丧一样。

女孩拥有更高的社会能力

对女孩而言，有一个性格特征既是导致抑郁的主要因素，但似乎同时也可能令其拥有恢复力——只要它不过量存在。年轻女孩会花费很多时间表述自我，无论是独自一人还是和闺蜜们在一起。她们会说许多关于自己的事，并一起分析人们的行为举止。"这种和同龄人——常常也包括和父母——的亲密关系是建立在随时准备互相交流个人信息，以及彼此提供很大程度的情感支持的基础之上的。"安哥拉·伊特尔说。

由此使得女孩可以在需要的时候获得比男孩更多的帮助，而且她们本身也具有更高的社会能力。但与此同时，过于亲密的关系也可能会导致问题。比如和闺蜜们的竞争可能危害心理健康，可以说许多女孩饱受这种痛苦。

与此相反，男孩之间的友谊则大多建立在共同参加活动以及竞争性交流之上，而且男孩与父母在情感层面的交流也比女孩弱多了。"父母很少会和儿子谈论感情，也很少要求他们表达情感，以及处理人际关系，"安哥拉·伊特尔说，"因此男孩很少有机会学会应对自己的感情。"那么当问题出现的时候，他们就会缺乏相应的对策，这也是造成他们不仅会出现攻击性反应，还很可能会因此染上毒瘾或者酒瘾的原因。而且这种攻击性在以后很难被控制。"攻击性行为被认为是一个人最顽固的性格特点之一。"伊特尔和舍特豪尔补充道。

如果女孩的青春期出现得特别早，那也是麻烦的事。"如果女孩的青春期出现得特别早，也就是说在12岁以前，就常常会感觉自己难以应对周围环境的期望值。"伊特尔和舍特豪尔在书中写道。因为外界向女孩传递的这种期望值通常比较高，不了解内情的人会视之为一个进入青春期的少女，却不知道她在认知和情感发育水平上其实还是个孩子。此外，这些女孩还常常很早就有了性关系，而这些实际上是她们无法掌控的事。

从以上这些就可以清楚看出，这两种性别更需要哪种形式的支持和帮助了。不来梅发展心理学家弗朗茨·彼特曼说：女孩必须更加独立自主，这样才能在面对逆境时不会软弱易伤，同时女孩也需要情感上的支持。相反地，男孩则首先要在家庭环境中被传授清晰的社会架构和游戏规则。

那么，再回到原来的问题，到底哪个性别更强大呢？柏林发展心理学家伊特尔和舍特豪尔的结论很明确。他们认为，女孩和男孩一样会受到伤害，取决于他们所处的具体情境和时间段。而卡尔纳·莱伯特及其团队也同样没有发现两种性别成年后在心理恢复力方面存在差异，也就是说，男性和女性在恢复力测试上的平均分基本相同。

自我测试：我的恢复力有多强？

有的时候，人们会感觉自己很强大，但也有的时候，即便是特别有恢复力的人也会感觉自己很脆弱。一个人的恢复力到底有多强呢？这一点可以借助一份调查问卷得出非常值得信赖的答案。耶拿大学医学院卡尔纳·莱伯特领导团队设计了这份调查表，并对德国人进行了科学测试。我们每个人都可以借助韧性量表"RS-13"中的13个问题来测试自己具有多少恢复力或者说心理弹性。

下列陈述与您的关联性有多大？

请分别就下列每个问题打分，分值从1分到7分，问题与您的切合度越高，即与您的想法和行动越接近，分值就越高。

		1 = 不符合					7 = 完全符合	
1	只要有计划，我就会执行。	1	2	3	4	5	6	7
2	通常我都能完成所有事。	1	2	3	4	5	6	7
3	我不会轻易让自己偏离轨道。	1	2	3	4	5	6	7
4	我喜欢自己。	1	2	3	4	5	6	7
5	我可以同时处理若干事情。	1	2	3	4	5	6	7
6	我很坚决果断。	1	2	3	4	5	6	7
7	我会就事论事。	1	2	3	4	5	6	7
8	我对许多事情保持兴趣。	1	2	3	4	5	6	7

（续表）

		1 = 不符合					7 = 完全符合	
9	我通常能从多个角度看问题。	1	2	3	4	5	6	7
10	对于自己不喜欢的事，我也能去做。	1	2	3	4	5	6	7
11	如果处于困难情境，我也通常能够找到出路。	1	2	3	4	5	6	7
12	我有足够的潜能处理一切必须处理的事。	1	2	3	4	5	6	7
13	我能接受自己不能得到所有人的喜欢。	1	2	3	4	5	6	7

评 估

加上所有得分，结果会在 13—91 之间。分值越高，则恢复力越强，反之则越弱。

最高分值为 91 分。

如果您的得分超过 72 分，那么您暂时什么都不需要改变。您能够应对大多数压力和人生挑战。有些情况在您看来非常困难，但是您有能力灵活应对命运的打击，并能够找到适合自己的解决方法，使自己继续前行。

如果您的得分在 67—72 之间，那么您具有中等恢复力。您能解决大部分遇到的问题，尽管有时可能会感到很吃力。通常情况下，您都能重新找到生活的勇气，而不需要借助外力。

如果您的得分低于 67 分，那么您的承受能力比较低。遇到的问题常常会令您出现人生危机。您的恢复力不太高。为了降低出现抑郁症和身体疾病的风险，同时为了提高您的人生满意度，您应该积极应对压力，并且记得一定要在需要的时候寻求心理帮助。

小　结

德国人绝对是拥有心灵恢复力的，按照这张"RS-13"量表测评出的平均分值达到70分，即总分的3/4以上。而且男人和女人的分值非常接近，这个结果与另外一张类似量表"RS-25"的测评结果基本一致。

德国男人的平均分值为最高分值的77%，这个结果与年龄几乎没有关联度。德国女性的平均分值为最高分值的75%，但与男性不同的是，其中60岁以上的女性略低。

完全没有恢复力这种情况是根本不存在的。我们日复一日地面对各种要求和挑战，不断地需要解决问题，但无论怎样我们都没有崩溃。"自从人类被从天堂驱逐出来，危机就成为人类生活的家常便饭了。"发表过许多恢复力相关论文的社会学家布鲁诺·希尔德布兰特说。归根结底，人生就是一个不断战胜危机的过程。

我们这些处于成功社会的人类可能不喜欢听到这样的话，但是：失败是正常的！因此，我们的祖先无疑必须提高能力来与失败做斗争。在希尔德布兰特看来，所谓恢复力就是让自己适应逆境挫折，并且尽可能地从中获取经验教训的灵活性。无数的发展理论家坚信，如果没有危机及其阻碍，人类就根本不会有发展。

但是，尽管整体来说，德国人距离恢复力最高分值相差不远，但那些丢失的分值却有可能令人们在关键时刻受到伤害。它们会令我们在逆风中有时跌跌撞撞，踉踉跄跄，难以前行。如果压力变得太大，还会导致我们许多人生病。

强者的基材：
恢复力从何而来？

自从心理学家们在几十年前开始发现，危机并不一定就会摧毁人类，有时反而可能令人变得强大，他们就一直在努力寻找其中的奥秘。然而这并非容易完成的任务，尤其是那些坚韧不拔的强者往往很少能够说清楚，自己为什么会拥有那种令人惊讶的恢复力。因此，来自不同研究领域的科学家们不得不绞尽脑汁，想出各种招数，以期揭开这些人生不倒翁的秘密。

例如，有几个研究人员曾在毛里求斯的一个偏僻小岛上研究了10年，只为了弄清楚为什么有一些孩子尽管生活在父亲的暴力阴影之下，却能够克服幼年时代的逆境长大成人，并拥有健全的人格。也有一些科学家用复杂的统计数据来说明，为何非常普通的儿童疾病常常会在缺少关爱的孤儿院里变得特别严重。还有一些人则通过小白鼠大脑中发生的重要变化来分析，动物虽有母亲却得不到照顾会产生什么后果。

以上这些信手拈来的例子和过去这些年中许许多多调研报告汇成了展现恢复力形成原因的拼图，如今这幅拼图日渐完善，揭示出最强心脏形成的秘密。不仅现代化的心理学和精神病学研究对此作出了贡献，社会学、教育学、神经生物学以及遗传学等也提供了坚实的材料，解释了人们如何练就强大的个性，似坚硬的岩石般在波涛汹涌的人生长河立于不败之地。

有些人会因为虽然微小但广泛蔓延的基因变化而特别缺乏抗挫力，幼年时期遭遇的暴力使他们在以后的人生中很难承受压力，成年以后容易成为酒鬼。但是，造成一个人既没有恢复力又容易受伤的原因早就不仅仅是基因问题了，父母及其教育方式的影响也在生物结构上显现了出来，童年时代的不幸遭遇会持续印刻进大脑中。对于那些在成长过程中没有得到家庭关爱和支持的孩子，借助于先进的医学检测方式可以发现，他们的脑部对于压力处理的能力不足。此外，表观遗传学这个特别年轻的新兴学科也有了令人惊讶的发现。按照其理论，人生改变遗传。人类的经历——既包括恐惧害怕，也包括参加体育运动及食物营养，会随着人生的进程被记录进基因中，这种印刻甚至很可能会一代一代遗传下去。本章综合介绍了当代恢复力研究领域中令人惊讶的最新成果。

环境如何塑造人生（环境）

抚触是不必要的，即便是对婴儿和小孩也如此。就在并不久远的过去，还有许多业界大佬持有这种观点呢。但是到了 21 世纪初，人们几乎已经无法再想象这一点了。上个世纪 50 年代，在送刚生完孩子的年轻母亲出院时，儿科医生还会郑重地谆谆教诲她们不要过于关注自己的宝宝，只要让孩子吃饱穿好，注意卫生就足够了。事实上，当时的儿科医生认为这样做只有好处没有坏处，所有其他的关爱行为都是对孩子的溺爱骄纵，会令孩子变得娇弱。

哈利·哈洛简直无法想象，这样的做法居然曾经被视为是正确的。这位心理学家本身有四个孩子，他坚定不移地认为，即便是婴儿，所需要的也不仅仅是食物和卫生。他想向世人证明这一点，于是用小猴子做了实验。在小猴出生后，立刻将猴妈妈撤离，让其中一些小猴独自待上几个月之久。在他的实验室里上演着猴宝宝的悲剧，这些小动物的心理变得极端脆弱。哈洛手下的一名员工后来说，他坚信正是上司的这个实验最终使得动物保护运动变得声势浩大。但是无论怎样，这个实验使那种认为身体接触对于教养孩子完全无关紧要的观点得到了弱化。

同样，对当时的孤儿院进行的调查研究也促成了一个新的观点，即如果让孩子像哈洛的小猴一样独自度过一段时光，也同样会出现不好的结果，即便他们的居住条件很好。此外，不久前对 1965—1989 年罗马尼亚的孤儿院进行的调查也再次证明了这一点。孤儿院的部分孩子曾过着艰难的生活，他们无精打采，表现麻木，他们或胆怯，或具有侵略性，至少刚开始时根本没有能力参与普通的家庭生活。

到了20世纪80年代末期，已经没有人再怀疑交谈和身体接触对于孩子心理的健康发展有多么重要了。有一位科学家甚至提出令人惊讶的观点，他认为这些孩子缺乏的心理稳定性还会对其健康造成危害。那些罗马尼亚孤儿院的孩子特别容易发生感染，而且尽管已经在领养他们的美国家庭生活多年，与普通美国家庭的同龄孩子相比，他们的行为仍然经常比较怪异。

显然，斗志和免疫力之间存在关联。心理学家塞思·波拉克也对此坚信不疑。他认为，与生活在非暴力家庭中的同龄人相比，那些在童年时代遭遇身体暴力的孩子在免疫力方面明显较弱。他们的身体很难抵抗疱疹病毒的入侵，因此会产生过量的抗体，而且这个影响会持续多年。波拉克团队在这些孩子的唾液中发现了这一点。

那些敏锐的儿科医生和心理导师在认识到充满爱的环境与人的心理和生理抵抗力发育之间的关联性之后，立刻付诸实践。儿科专家海德里斯·艾斯在波士顿儿童医院早产中心推行的早产儿发育护理已经成为新生儿病房的标准护理措施。她教导在那儿工作的护士要认识到，即便是如此小的新生儿也会有需要，并且要对他们的需要做出回应。也就是说，要给予小家伙们在当时显然最重要的东西。如今，每个早产儿每天都会获得多次这样的特殊关注。

通过这种方式产生了非常吸引人的成果。身体的抚触和由此产生的相互影响对于小家伙们意味着什么，可以从他们在医院期间的发育上得以体现。如果不将这些早产儿一直独自放在保温箱里，而是用人体自身的温度温暖他们，他们的发育速度就会快得多。与那些孤零零地躺在保温箱里的早产儿相比，他们长得更快，能够更早出院回家，肺部和心脏的发育更强，并且最终出现脑部发育不良的概率更小。

对罗马尼亚孤儿院儿童长期追踪的数据也同样显示出社会环境对于心灵恢复力所产生的巨大影响。万森来自布加勒斯特一家孤儿院，在2000年时被一个罗马尼亚家庭收养并得到很好的关爱和照顾。与那些不得不滞留在孤儿院的孩子相比，万森表现出的恐惧和抑郁情绪明显少得多。

但也有一些业内人士对此提出异议。他们认为那些寄养家庭很可能在选择收养对象时，就特别挑选了看起来健康快乐的孩子，而表现比较奇怪的孩子则被留在孤儿院里了。但是，精神病学家查尔斯·尼尔森、内森·福克斯和查尔斯·策拿却发现实际结果与此无关。他们从布加勒斯特一家孤儿院中136个从六个月到两岁半不等的孩子中随机挑选出一部分，将其送到寄养家庭中生活，并对两组孩子进行对比研究。对于这种做法可能引起的伦理学上的质疑，科学家们绝对是事先经过深思熟虑了的。"在我们调研初期，布加勒斯特几乎没有把孤儿放在寄养家庭中生活的先例，因此如果没有我们的协助，这些参与的孩子中有绝大多数都只能在孤儿院里长大，或者至少要以后才可能找到机会出来。"因此，他们认为自己的行动是理由充足的，而且这个孤儿院的大多数孩子后来也陆续被收养了。

同时，这些寄养家庭也接受了培训，要特别慈爱地对待孤儿院来的孩子。而且，科学家们还给他们配置了一个专业咨询人员，以便他们在遇到问题或者困惑时可以求助。这个项目使得参与的孩子受益良多：在20个月之内，他们的智商就增加了大约10个点，而且出现多动、抑郁和恐惧的概率也比那些留在孤儿院的孩子明显减少。不过，社会行为障碍问题并没有因为生活在寄养家庭而得到降低。

教育的力量是强大的，并且可以令人变得更强大，而不好的教育则无疑会对孩子们的人生造成伤害。但是，这并不是必然的结果。即便是在非常糟糕的环境中生活，也依然有机会健康成长。并非所有遭受暴力对待的孩子就一定会变成暴力分子。显然存在这样的因子，它们会令一个在父亲的棍棒下成长起来的孩子长大以后也变成凶相毕露的人，却令另外一个同样遭遇的孩子因此更加希望成为好人。也就是说，后者拥有恢复力，来应对不良父亲的坏影响。

就此而言，性格特质是最大的可能因子——这是心理学家们很久以来的猜想。据他们推测，有暴力倾向的人并不一定脾气暴躁，而更多体现在真正的冷血上。这一点甚至能够测试出来：通常情况下，警报声会令人心跳加速，皮肤出汗，尽管有时可能并不明显，但借助于电极就可以测量出来，因为在很短时间内皮肤的传导性增加了。相反的是，有暴力倾向的人则在孩提时代就很少会对这种警报声作出反应。在遭遇错误对待时，他们很少激动，而且他们也很少对他人的受压表现作出反应。因此，在不利情况下可能出现暴力螺旋式上升。刚开始是对父亲的拳头表现冷漠，后来则是对受害者的惊叫声麻木不仁。

这个理论——即这种轻微的兴奋性也很可能令人更容易集中注意力——听起来的确令人难以理解，但是儿童精神病学家马丁·霍尔特曼和神经生物学家曼弗雷德·劳希特是这么认为的。如果心跳加速，就表示得到了情绪刺激，不是迟钝麻木地对待这些事情。恰恰是这种激动被视为是对周围环境刺激的释放，而这样的结果可能会令学习变得轻松一些，包括学习不再继续使用暴力以及触犯法律。

无论怎样，如今已经有无数的调研结果证明了，在遇到压力时心跳加快以及出汗，事实上正是一种天赋才能的标志，它有助于孩子克服不利的家庭环境，取得成功。心理学家帕特丽夏·布伦南女士也发现了一个特别有趣的论据。她将94个年轻男孩分成四个小组，分组依据是他们自己是否触犯过法律以及他们的父亲是否犯过罪。在测试他们受到惊吓后的出汗情况和心率时，本身遵守社会规则但是父亲犯过罪的受试组远高于其他组。按照布伦南的测试结果，事实上正是这种心率加快保护了这些年轻人避免像父亲一样犯罪。相反，那些遇到惊吓时脉搏慢的人则被认为是违反社会行为的头号危险分子。

这种关联性实在太明显了，所以犯罪学家阿德里安·雷恩甚至将此用于预警。他能够根据大约100名15岁的中学男生测出的心率来作出预测，其中有哪些男孩有可能在29岁时开始犯罪。雷恩领导的项目小组在印度洋的岛国毛里求斯进行了广泛的研究。借助"毛里求斯儿童健康项目"，他有机会通过世界卫生组织的资助对数目庞大的儿童展开研究。

不久前，他也在低龄儿童身上证实了这一冷血理论。首先让老师对班上八岁的孩子进行评价，结果发现其中被认为特别具有攻击性的那些孩子其实早在五年前接受受压情境测试时就表现出心率和皮肤传导性低的特点——而老师事前并不知道这些情况。这些数据是科学家给那些小家伙听巨大的响声或者要求他们完成一项很难的任务之后测量出来的。

但是，在这个方面，教育并非没有用武之地。如果科学家们对那些家庭进行训练，并且设法在这些孩子三岁时就提供更好的教育和营养的话，那么这些小家伙在几年后就会出现正常的心跳和皮肤反应。等他们到了23岁时，即便是科学家们也很难再发现这些年轻人曾经有过潜在的问题。也就是说，负面的预警不一定就不好，只要能够采取及时相应对策。

大脑里发生着什么事（神经生物学）

在老鼠中也有像乌鸦一样狠心的妈妈。事实上，鼠妈妈对幼鼠表现出的关爱属于发生在老鼠窝里的家庭生活的一部分。它们会舔舐自己的小家伙，帮它们取暖，找来东西喂养它们。但是也有一些鼠妈妈没有能力给予这种母爱，它们只能做一些最基本的事，却不能给予自己的后代保护和照顾，几乎无法让幼鼠获得安全保障。

但这两类鼠妈妈的后代都能够成活并长大，也能够和大伙一样过上鼠类生活：找一个安全的落脚点过夜，设法弄来足够的食物，找一个伴侣一起过日子。

然而，在这些动物的内心深处却存在着巨大的差别，而且这个差别给它们的老鼠生涯打上了烙印。这两类老鼠的后代都会在自己的鼠生中不可避免地遇到不好的或者危险的情况。这时，隐藏在它们鼠心深处的一切就会显露无遗了。在遇到压力的时候，那些被宠爱着长大的发育成熟的鼠仔出现的应激反应要比那些没有得到充分母爱的同胞们小得多，最终寿命也更长。即使在陌生的环境中，那些曾受到过母亲很好照顾的老鼠也不会感到特别害怕。相反，那些很少得到鼠妈妈关爱的老鼠在进入一个陌生房间后，大多会躲在阴暗的角落里颤抖。它们显然没有足够的自信来应对陌生的环境，也很不喜欢变化。

在这些现象的背后隐藏着令人惊讶的事实，正如加拿大神经生物学家迈克尔·米尼在大约10年前发现的，这实际上是一种生物的天性。这些动物在处理"压力荷尔蒙"①信息时所采取的方式截然不同。显然，这种不同也使得有些幼鼠会在以后的岁月中具有特别大的心灵恢复力，而另一些则变得特别容易受伤害。

在激动的时候——无论是人类还是鼠类，都会不断从身体里释放出压力荷尔蒙，皮质醇促使血糖含量提高，肝脏代谢加快，积聚能量，有助于做出快速反应，集中注意力解决问题，或者在短时间内取得成果，让整个身体处于警醒状态。

当老鼠或者人类面临危险或者处于高压之下时，这种身体变化无疑是有意义的。但是这种警醒状态不可持久，总要有消除的时候，否则的话，无论动物还是人类都会变得神经衰弱。为了终止压力，大脑会形成触点，像开关一样可以停止释放压力荷尔蒙。

在这一点上，不同幼鼠之间的表现存在差异。事实上，那些充满爱心、高度负责的鼠妈妈对幼仔的舔舐和抚爱行为有利于在幼鼠的脑部形成更多的荷尔蒙触点，可以令它们产生的压力荷尔蒙在事后很快得到减弱和消除。与此相反，冷血鼠妈妈的幼仔则很容易陷入持续压力之中。

这条看似一次性选择的道路却会在家族中延续下去。目前已经证实，在宠爱中长大的鼠宝宝也会变成慈爱的父母，而从小很少得到关爱的小鼠仔则会像它们的母亲一样冷漠。不过，这些幼鼠脑部触点开关的数量并不是简单地从母亲那儿遗传得来的，迈克尔·米尼已经通过一系列精巧的实验证明了这一点。这位神经生物学家在一个实验中将鼠妈妈的幼仔进行了互换，让一个负责任的慈爱鼠妈

---

① cortisol，又称皮质醇，氢化可的松。

妈抚育一个不负责任的冷血鼠妈妈的后代，反之亦然。结果被收养的幼鼠和自然生长的幼鼠表现出同样的行为，受到鼠妈妈舔舐抚爱的幼鼠的脑部形成了更多的可以控制皮质醇分泌的触点开关。这一发现引起了全世界的兴趣和关注。

皮质醇对于心理产生的这种影响如今也在人类身上得到证实，其中美国精神病学家克里斯汀·海姆女士做的一个实验特别引人注目。她故意让那些曾在幼年时代遭遇过强奸的成年女性受压。虽然只是简单地邀请那些女士在公开场合做个报告，结果却发现这些女性分泌的压力荷尔蒙数值是那些没有类似创伤的心理平和的女性的六倍之多。还有另外一份研究报告也同样显示，幼年时代曾经遭遇过心灵创伤的人在此后的人生中经常出现对压力的过度敏感反应。

大脑中的恐惧

因此可以说，冷漠无爱以及恐惧经历会破坏心灵恢复力的发展。这一点甚至能够在大脑结构中察觉出来，发展神经生物学家安娜·卡特琳娜·布朗女士在谈及到重度心理创伤时曾这样说道。她最初是在低等级的灌木丛中的老鼠身上发现了这一点，那些老鼠过着特别明显的集体生活。

于是，布朗突袭了这种集体生活模式。她每天将其中一只幼鼠拎出来，与大家庭隔离一个小时。结果她在接下来的观察中发现，这些老鼠的脑部神经细胞以一种奇怪的方式被围住。也就是说，与那些没有被隔离的同胞相比，在这些老鼠的扣带回①出现更多的突触。

更多的突触？"这也会对健康发育产生影响。"布朗强调说。通常，大脑会在发育过程中形成比实际需要更多的神经突触，但是随着时间的推移，只有那些对大脑有用的神经细胞之间的连接会稳定下来，剩余的则会逐渐分解消除。但是，这种分解过程却似乎在被隔离的老鼠身上不存在。它们的颅盖下有着过量的神经突触，这对它们的行为举止产生的后果就是：陌生的环境会令它们感到害怕。

人们是怎样错失强大心理的

"生物因素会对恢复力产生影响，这一点应该早就毫无疑问了。"儿童神经病学家马丁·霍尔特曼和神经心理学家曼弗雷德·劳希特对于当前的研究作出这样的总结。由此也延伸出一些值得注意的发现，即动物或人类的心理强大程度也可以依据一些身体功能非常准确地测量出来。例如，突然用巨响令人惊吓，就可以在某种程度上测测出一个人的抗压能力。惊恐反射的长度会显示出受测者从负面经历中恢复的速度。这是一个标志，可以反映一个人对于这类事件的处理能力，霍尔特曼和劳希特这样写道。也就是说，在听到一声特别巨大的响声时，人与人之间在眼睑闭合的速度上差别非常大。

但是，这种眼睑闭合的时长是否也是继续揭开恢复力之迷的秘

---

① Gyrus cinguli，与胼胝体表面密切相连的弓状脑回，属于边缘系统，参与情绪和本能等反应的处理。

诀呢，比如用于衡量一个人的心理健康程度或是对心理疾病的抵抗力？这或许意味着，那些惊射反应相当长的人在遇到比一声巨响更大的逆境时也需要更长的时间来康复，也很可能因为需要的时间过长而导致心理出现疾病。无论如何，事实就是：惊恐反射的长度会在其脑部结构中得到反映。

人们从听到一声巨响到重新放松的速度，可以显示出他们在前额皮质区存在的差别。在某种程度上，这个位于额头后面的脑部区域就好像我们的最高控制中心，用来对处部出现的情况进行适度的反应。前额皮质接收外界的信号（比如一声巨响），将其与记忆库连接起来，同时也和来自边缘系统的情绪评估联系起来。上一次听到这样的巨响时发生了什么事？是令人恐惧的事，还是没什么要紧的？是否需要跑开？前额皮质的这种参与不仅会使我们在发生爆炸时跑进掩蔽体，也使得我们的情绪在事后得以调整。比如，如果响声是因为孩子们在附近用空子弹射击，那么最多在听到第三声射击声时，我们就不会再感到那么惊恐了。

遇到不愉快的事件时，在这个对我们的生活而言如此重要的控制中心里，神经细胞的反应强烈程度因人而异，这一点可以借助核磁共振成像加以证实。通过这项技术，研究人员能够清楚地发现，有哪些脑组织在特定情境下表现活跃——只要这些情境能够在成像系统的狭窄管道内进行。

就以突然听到一声巨响为例，实验结果显示，那些放松的人的前额皮质区的左侧是活跃的。这样的人对于不良情境的评估要比那些前额皮质区右侧活跃的人更加积极正面，因为左侧代表那些好的情感，更加热情，情绪更好；而右前额皮质区活跃的则更多是爱发牢骚、脾气不好或者容易害怕的情绪类型。

这种区别实在太明显了，以至于有的科学家甚至说，只要让他们事先观察一下前额皮质区的细胞活跃情况，就能够预言不同的人会对某个不良情境做出什么样的反应。甚至就连10个月大的小婴儿身上也能够发现这种差异。事实上，理查德·戴维森领导的一个心理学研究小组也的确成功地对那些受试的小家伙们做出了预判，如果让他们短暂离开母亲，他们的情况会有多糟。那些事前检测结果是前额皮质区左侧更活跃的小家伙，对于和母亲分开的反应更放松，而右侧更活跃的小婴儿则会号啕大哭。

除了前额皮质区，海马区也同样透露出关于心理强度的信息。按照迈克尔·米尼等研究人员的观点，幼年缺失的关爱会铭刻进大脑。在更仔细地观察了受测动物的大脑内部后，他确信，那些被不负责任的冷血母亲疏忽的幼鼠海马区发育低下。这些位于每个大脑左侧和右侧的脑组织和海马的形状相似，被视为掌管记忆和情绪的控制中心。"也就是说，鼠妈妈通过一种简单的、自然的行为塑造了——这个用词绝非夸张的修饰用语，而是最真实的本义——它们幼仔的大脑。"米尼坚信这一点。

这种在脑部出现的相对异常也同样在人类身上被发现。和那些由冷血妈妈养大的老鼠一样，重度抑郁的人的海马区也异常小。这一点同样适用于童年时遭受过暴力的人，或者越战老兵这一类心灵严重创伤的受害者。

那么，压力是大脑的礼物么？或者说，海马区小或许并非结果，而是造成心理更容易受伤的原因？自从开始研究重度创伤受害者的大脑以后，精神病学家罗格·皮特曼相信是后者。因为在他的研究报告中有一个特别之处：他研究的创伤受害者是双胞胎姐妹中的一个，另一个没有类似的可怕经历，但两姐妹的海马区同样小。

那么，这个观察结果是否证明，对于那些特别容易受到伤害的人，可以建议他们在未来尽量避免寻找心理负荷大的工作呢？这样的话，通过扫描大脑就可以阻止那些恢复力弱的年轻人前往阿富汗当职业军人，或者成为处理交通事故受害者的急救医护人员，因为有许多急救人员在职业生涯中变得心情抑郁。

遗传的影响（遗传学）

对于科学家而言，这实在可谓是千载难逢的好机会。在上个世纪80年代初期，当特瑞·墨菲特拿到新西兰的工作许可时，她的内心充满了难以言喻的幸福感，因为她被允许参与一座宝藏的发掘工作！在这那岛国上，有一位心理学家早在10多年前就已经获得在达尼丁市玛丽皇后医院同一年出生的孩子的父母的支持，因为这个男人有一个伟大的计划，他想对这1037名生于1972年4月至1973年5月之间的孩子进行定期追踪调查，希望通过这种方式揭开健康和发展问题的秘密。

当特瑞·墨菲特在1984年加入的时候，已经有了数据采集的基础，她只需将数据规模扩大，并且尽可能地通过有效的方式进行评估。直至今天，这位出生于德国纽伦堡但在美国长大的心理学家仍然和她的犹太同事暨伴侣阿夫沙洛姆·卡斯皮一起致力于这项工作。在此期间，墨菲特和卡斯皮不断向世人呈献令人惊喜不已的研究成果。可以说，他们通过对这些达尼丁孩子的跟踪研究，彻底改变了人们对于基因力量的看法。

特瑞·墨菲特收集了大量的数据。她定期向这些孩子询问他们的生活，了解他们的疾病，记录他们遇到的困境。她事无巨细地记录下来，有哪些孩子是在有利的条件下长大成人的，又有哪些孩子家庭环境糟糕。她记录下来，那些孩子是怎样渐渐长大成人，如今已经过了40岁的生日，以及他们是怎样度过自己的人生的——是格格不入还是能融入社会？是已经结婚还是一直独身？而隐藏在所有这一切背后的则是一个巨大的疑问：为什么人生中的逆境会令一些人的心灵持续受伤，另外一些人却能安然无恙？

在1996年的某一天，墨菲特和卡斯皮发现了一本令他们醍醐灌顶的出版物。由克劳斯·彼得·莱施领导的一个德国研究小组将一项令人惊讶的研究成果公布于众：莱施小组的精神病学家和基因学家首次指出，一个人的恐惧及情绪的不稳定性显然与其身体里的一种特定基因的变种有关。这一发现极具吸引力，因为一个基因居然可以直接影响到人类的心理健康！

这个基因叫作5-HTT，它包含5-羟色胺载体。这是一种分子，在大脑里负责终止生物分子5-羟色胺的作用。普通民众喜欢将5-羟色胺称为"快乐荷尔蒙"，也有些科学家称之为一种神经递质，因为这种分子会在大脑里将信号传递给神经细胞。5-羟色胺会在一定程度上令人兴奋，驱除恐惧感，阻止侵略性。但是，如果有太多的5-羟色胺在大脑里游来游去，也可能会引起幻觉。也就是说，人体绝对会想方设法让5-羟色胺的作用重新停止，为此它就需要5-羟色胺载体来弄走那种所谓的快乐荷尔蒙。

换句话说，基于其多重作用，这种快乐荷尔蒙不仅会带来幸福感，也会令人的心理变得强大。当克劳斯·彼得·莱施开始工作的时候，对这一点早就已经清楚了。尽管通过服用5-羟色胺药片来消除恐惧感的做法作用微乎其微，而那种认为可以通过进食富含5-羟色胺的食物——如巧克力和香蕉——来获取快乐荷尔蒙的信念也已经被证明缺乏科学依据，因为荷尔蒙是根本不可能从胃部抵达大脑中的重要位置的，但是精神病学家能够通过手术介入5-羟色胺代谢来帮助人们获得快乐。

从很多年前开始，就已经有一大堆药物可以用来充当5-羟色胺开关作用，从而减轻心理疾病了。这些药物对于这种快乐荷尔蒙的形成、作用、传递或者减弱产生影响，其治疗范围就和大脑里的神经递质一样五花八门。既被用来治疗偏头痛或高血压，也可能作为失眠药或者抑制食欲的药物，但最多的还是用在治疗心理疾病上。

寻找恢复力基因

但是，克劳斯·彼得·莱施在1996年有了一些全新的发现，即人类身上的这种5-羟色胺载体存在各种各样的基因变种。不久后他甚至还证实了，这种基因的形成的确会对人的精神状态产生影响，其中的一种基因变种似乎能够消除恐惧，但另外一种却会导致忧郁沮丧。莱施小组对505个人的个性和基因进行了分析，结果发现那些具有忧郁基因变种的人的确显示出很高的神经官能症症状。也就是说，他们倾向于紧张不安、神经质、对压力反应很快、不自信、不知所措、害怕，而且通常很悲伤，而另外一些拥有快乐基因变种的受试者则看起来具有和前一类相反的性格特点。

然而，这两种基因之间的差别真的很小：有一种是在最末端（即所谓的启动子区）有特定的一小块重复了14次，而另外一种则是重复了16次。人类的遗传分子规模庞大，大约由30亿个碱基对构成的DNA遍布在每一个体细胞中，在这种情况下只减少了44个碱基对，就这点儿区别而已。但是，似乎正是这个细微区别对人类的精神状态有着巨大的影响。拥有短片段基因的人被证实容易受伤害，并且很有可能会发展成抑郁症；而拥有长基因片段的人则相反，他们显然更受人欢迎，心理稳定，能够应对突发的不幸或者麻烦。

当墨菲特和卡斯皮听说了莱施的发现之后，他们立刻作出反应。毕竟他们手上拥有非常理想的数据资料，能够在一个更大的群体中对基因和心理之间的这种惊人的关联性进行检测。有一种设想深深地吸引了这两位心理学家：也许正是这些简单的基因差别影响着那些孩子的整个人生。

达尼丁那些孩子的基因被很快读了出来，但是现在墨菲特和卡斯皮还必须从庞大的数据中找出，基因与人的精神状态及个人发展之间是否存在着关联。结果证明确实如此：那些携带短 5-HTT 基因片段的孩子出现更多的抑郁症状，当他们的生活中发生一点不好的事情时，就常常会被诊断患上抑郁症，并且他们也比那些遭遇到同样困难的携带长 5-HTT 基因片段的孩子更容易出现自杀倾向。

这种长 5-HTT 基因片段显然有助于产生对抗逆境的恢复力，是一种能够看得见的恢复力基因！埃米·沃纳，这位美利坚恢复力研究领域的先驱感动地说：这种基因装备显然能够"减弱人们对于外界伤害的反应"。

在对抗成年世界的生活压力方面，也同样是携带长 5-HTT 基因片段的人恢复力更强。精神病学方面的基因专家肯尼斯·肯德勒也在后来通过对 549 对成年双胞胎的调研证实了这一点。在这些双胞胎中，那些从父母处遗传了短 5-HTT 基因片段的人，更可能由于离婚、失业和其他受压事件引发抑郁症。

长 5-HTT 基因片段有助于人们更好地抵抗命运的打击，这一点已经在许许多多其他的研究报告中得到了证实。比如在 2004 年，佛罗里达的特大飓风袭击发生之后,那些携带忧郁基因的人很难承受飓风的后果。维尔茨堡大学的人类遗传学家曾对超过4万名受测者进行过调研分析,他们给出了与墨菲特和卡斯皮相同的结论:在5-HTT变种与人的心理状态之间存在关联。

不仅仅取决于基因

但是,恢复力基因和恢复力之间的这种关联却并非像有些专家在一开始所想的那么简单。通过更深入的研究就会发现,这一切并不仅仅取决于基因。基因对于人类性格和应对困境的方式的影响取决于许多因素。

其实墨菲特和卡斯皮早在一开始就强调了这一点。与那些过于兴奋的、感觉自己证明了遗传无敌的遗传学家相比,心理学家早就赢在起跑线上了。他们不断指出,对于忧郁基因和快乐基因的划分过于简化了,因为携带一个特定基因的人并非马上就会发展成抑郁症。即便是在那些达尼丁孩子身上存在的基因与心理状态之间的关联也是有前提条件的:他们在幼年时期的生活中就已经遭遇很差的对待。

"如果这些个体没有遇到过任何危险,遗传学就不会对其心理健康显示出影响。"特瑞·墨菲特强调说。因此,有些达尼丁的孩子早在家庭情况恶化——比如父母离婚或者父亲成为酒鬼——之前,就已经发展成抑郁症了。对这些孩子而言,抑郁源自其本身,并没有重大的外在诱因,这种疾病与其所携带的5-羟色胺载体类型无关。

外界环境对于基因改变的影响有多大，这一点也在飓风受害者身上得以体现。并非所有携带短 5-HTT 基因片段的人在被大洪水夺去家园之后都会出现创伤后应激障碍。显然，"一个由亲朋好友组成的良好的社交网络能够淡化创伤经历，"精神病学家迪恩·基尔帕特里克说，"尽管生物学的基础看起来比其他一切都更重要。"

暴力作为遗传

还有一个同样由特瑞·墨菲特和阿夫沙洛姆·卡斯皮发现的基因变种也是通过外因起作用的。简而化之的话，可以将其称为"暴力基因"。这仍然是一种涉及 5- 羟色胺代谢作用的遗传，即单胺氧化酶 A（MAO-A）基因，因为这种基因能控制单胺氧化酶的分泌。这种酶会减弱大脑中不同的信息物质，其中也包括 5- 羟色胺。单胺氧化酶抑制剂早在多年前就被用来治疗抑郁症了。

依照墨菲特和卡斯皮的研究成果，这个 MAO-A 基因有一个变种，不仅会影响人的情绪变化，导致抑郁症风险，而且还会提高男孩子反社会行为的可能性——假如他们曾在儿童时期遭遇过虐待的话。也就是说，如果一个孩子携带单胺氧化酶 A 基因的这种变种，使得其大脑中分泌的 MAO-A 特别少，那么假如这个孩子在小时候曾遭到父亲的暴力虐待，那么他在长大之后自己也会变得暴力。相反，如果遭受虐待的孩子的大脑中分泌的 MAO-A 相当高，那么尽管拥有悲惨的童年时代，却依然能够稳健平和。科学家们只能在男孩身上证明这种作用的存在，因为这种 MAO-A 基因存在于 X 染色体中。男孩只有一个 X 染色体，女孩却有两个，因此一个突变对其影响不大。

但是这种基因对男孩的影响却非常大。那些生活在恶劣家庭环境中的男孩，如果偏偏又天生大脑中 MAO-A 活跃度低，那么他们会有 80% 的概率出现反社会行为。早在他们成年之前，就会出现需要治疗的行为障碍，也许在 26 岁之前就会因为暴力行为被判刑。而那些同样拥有不幸的童年时代，却携带高水平 MAO-A 的基因变种的男孩，则仅有 40% 的概率出现暴力倾向，不过这个数值依然比出生于温暖家庭的孩子高一倍。

据马丁·霍尔特曼和曼弗雷德·劳希特推测，和携带长 5-HTT 基因片段类似，这种能够让 MAO-A 保持高活跃度的基因变种显然有助于人们获得抵抗逆境的恢复力。他们说："这种基因变种看起来至少在一定程度上有助于人们获得恢复力，来对抗儿童时期遭受虐待带来的心理创伤。"

MAO-A 低活跃度和短忧郁基因甚至可以在大脑中被发现。正如那些借助核磁共振进行研究的报道所显示的，脆弱的孩子对于压力的反应显然特别强烈。将那些携带相应基因的孩子置于压力境景下，其海马区——这个脑部区域储藏着对危险情境的记忆——很快就会进入报警状态。同样，正如生物心理学家图尔汉·坎利和克劳斯·彼得·莱施共同研究发现的，当这样的孩子面部出现恐惧或者愤怒的表情时，位于其脑部杏仁核区域恐惧中心的神经细胞也会不断活跃起来。简而言之，携带这种遗传基因的孩子似乎特别难以控制一些令人不舒服的感觉，比如恐惧或者压力，等等。

基因-环境交互作用——一个新的研究领域

正如上文所述，暴力基因和忧郁基因一样，对没有受过虐待的孩子不会产生情绪方面的影响。只有当这些孩子本身遭遇过暴力时，才会获得这种遗传。

由于这样的交互作用，人格基因学家早就厌倦嘲笑一个陈旧的科学争论了，虽然这个争论在上个世纪90年代还非常流行，那就是：到底哪个对性格的形成影响更大，基因还是环境？其实这种"先天VS后天"之争早在19世纪就由查尔斯·达尔文的表弟、英国全能学者弗朗西斯·高尔顿触及了。但是，现代性格基因学家已经证实，在这两种因素之间存在着持续且高度的交互影响。因此，他们不断加强对"基因-环境交互作用"——也包括恢复力的起因——的研究工作，如今已经成为一个不断发展壮大的研究领域。

正如当前的研究进展所显示的，这样的基因-环境交互作用很可能在大多数的心理疾病中扮演了角色。正如心理学家尤莉亚·科姆-科恩女士所说，科学家们认为，这些对于抵抗心理疾病的能力起调节作用的基因"是隐匿的，只有当压力出现的时候才会显现出来"。也许这也可以用来解释，为什么在单卵双胞胎中出现精神分裂症的概率常常存在巨大差别，尽管他们拥有相同的基因。

如今，基因对于许多心理疾病具有很大意义这一点已经无可争议了。"在抑郁症方面的研究已经充分证实，那些携带对受压情境具有素质敏感性基因的人，要比其他人更容易出现抑郁反应，"德国精神病学及心理治疗、心身医学和精神病院协会推断道,"这一点如此明显,甚至连一丁点儿可能造成身心紧张的因素——比如季节变化或者跨时区飞行等——都可能引发抑郁。"考虑到心身耗竭综合征的情况,基因也是可能导致人与人之间免疫力差别巨大的原因之一。但是,与抑郁症和其他心理疾病不同的是,迄今仍未能找到心身耗竭综合征的科学依据。

也就是说,虽然基因毫无疑问是一个巨大的影响因素,却不能将其视为我们人类的最高主宰。"我们并非自身基因的受害者。"尤莉亚·科姆-科恩说。她曾通过对1100多对同性双胞胎的研究来揭示遗传因子和环境因素在恢复力形成方面的力量对决。这些双胞胎都是在1994年至1995年期间出生在威尔士或英格兰的,其中大约有一半是单卵,另外一半是双卵。他们中有的来自问题家庭,具有攻击性或者反社会行为问题,但另外一些尽管来自同样的家庭背景,却没有古怪的行为。

双胞胎总是特别具有吸引力,对于研究人员而言也是如此。因为双胞胎同时降生于同一个家庭,在相似的环境中生活,而且单卵双胞胎还具有基因的一致性,双卵双胞胎在基因上的相似度也高于普通兄弟姐妹。因此,对两种双胞胎类型做对比研究特别有利于发现基因和环境对于人的发展各自有多大的影响。可以说,双胞胎对于基因-环境交互作用的研究而言不啻一个宝库。

因此,尤莉亚·科姆-科恩当然也同样能够从其研究的家庭中找出相关的有趣答案。在古怪行为方面,单卵双胞胎的相似度要比双卵双胞胎高得多。从趋势上看,单卵双胞胎要么两个人都具有能够抵抗家庭暴力的恢复力,要么都没有。相反,双卵双胞胎则更经常出现两种不同的发展方向。尤莉亚·科姆-科恩从对双胞胎的行为研究得出结论，基因的影响力达到70%，剩下的30%则归于环境。其他研究人员对于遗传与环境对于恢复力形成产生的影响得出的结论则是五五开。

一种高度复杂的交互影响

基因和环境之间常以令人惊讶的方式相互影响。"这种交互作用是高度复杂的。"心理学家弗里德里希·洛赛尔强调说。

首先，孩子从父母处得到的不仅仅是基因，同时还有环境——只要他们是由自己的亲生父母抚养长大的。因此在一定程度上来说，环境也是被"遗传"的。

第二，孩子们绝对会设法在所处的环境中为自己寻找最符合天性、兴趣和才能的小环境。性格外向、好奇心重的孩子会积极主动地参与新的探索活动，而这又反过来有利于这些孩子的发展，并最终令他们更加具有恢复力。"即便是小孩子，也并非仅仅是被动地通过父母、家庭和环境接受社会化影响。"尤莉亚·科姆-科恩说。也就是说，孩子会自己选择环境。

第三，基于每个孩子与生俱来的性格特点不同，父母和教育者对其做出的反应也绝对是千差万别的。外向气质的孩子更愿意和自己周围的成年人建立联系。与胆小羞怯的孩子相比，他们通过这种方式往往可以获得来自父母、老师或者其他教育者更多的关注和刺激，并且能够最终获得更多的恢复力。因此，孩子也在构建自己的环境。

"当我们说，生物学在性格和恢复力的养成方面扮演着重要角色时，这并不意味着一个人的行为特点是由基因决定的，"弗里德里希·洛赛尔总结道，"这常常是一种误解。尽管基因预设了限制，但其中依然有巨大的活动空间。"或许可以这么说：基因仅仅给人类提供了建议，但他可以自己安排活动。

恢复力基因的双重面孔：蒲公英和兰花

因此这样的事会发生：一个同样的基因变种可能产生完全不同的作用。由于环境的参与，同一个基因既可能令人容易受伤，也可能令人变得有恢复力。"在一个充满爱的环境里，那些在恶劣环境中会令人受伤的基因甚至反而可以令一个孩子的心理得到强化。"来自斯坦福大学的发展心理学家伊莲娜·奥布拉多维奇女士这么说。恢复力基因显然有着双重面孔。

——忧郁基因（5-羟色胺载体）有时可以保护人们免遭抑郁症。

——如果家里给予的爱足够多，就可能会使那个携带暴力基因（影响 MAO-A）的男孩变得温和，爱与人亲近，而不是变成一看就爱打架的人。

——有个名叫 CHRM2 的基因的变种，如果携带者处于困难家庭中，就有可能引发暴力、违法和酗酒，但是如果携带该基因的孩子生活在一个有爱的家庭中，就会和其他同龄人一样成长得很好。

因此，与恢复力相关的很可能并非所谓特别值得期望的好基因，同样也不是那些人们宁愿舍弃的坏基因。对此，伊莲娜·奥布拉多维奇偕同托马斯·鲍策一起给出了一个可能的解释——尽管这对于加利福尼亚那群学前班的孩子而言可能并不是很美好的经历。这位心理学家和那位儿科医生将两滴浓缩柠檬汁滴到了参与他们研究的300多位5—6岁孩子的嘴里，此外还要他们记住六位数字，与一个完全陌生的男人面对面，叙述自己的家庭和朋友情况，最后还要看一部电影，而且是关于一个小男孩和一个小女孩害怕打雷的故事。

为什么要这样做呢？原来，奥布拉多维奇和鲍策是希望借助这种方式测试孩子们在面对各种压力时的恢复力情况：身体压力（柠檬汁）、精神压力（记数字）、社会压力（面对面交谈）和情感压力（雷电电影）。然后，他们会通过这些孩子的唾液来检测产生的压力荷尔蒙有多少。此外，他们还会通过询问孩子的父母和老师来评估这些孩子的社会能力及暴力倾向。

结果表明，正如预测的，那些来自负面家庭环境且对压力敏感的孩子出现古怪行为的情况要比那些同样来自不好的家庭环境但是在测试中分泌压力荷尔蒙较少的孩子更严重。但同时也显示出下面这个没有预料到的关联性：如果那些敏感的小家伙是和充满关爱的父母一起生活的，那么他们身上出现的古怪行为甚至要比那些来自良好家庭环境的、对压力不敏感的孩子少，并且这些孩子对上学表现出更大的兴趣，跟社会的融入性也更好。

也就是说，也许那些对压力敏感的孩子只不过是比那些对压力不太敏感的孩子更容易受到影响而已。他们对周围的刺激反应更强烈一点——无论是好的还是不好的刺激——但是这也意味着：如果他们能够将环境影响变成对自己有利的东西，那么他们反而能够从中获得更大的好处，超过那些受压反应较小的同龄人。

托马斯·鲍策称之为"兰花儿童"。意思是说，如果这些孩子没有得到很好的照顾就会死亡，但是在人们的精心呵护下也会绽放出绚丽的花朵。他不仅将一个在瑞典早就广泛使用的概念移植到心理学语言中，还移植了一个对应的概念：与"兰花儿童"对应的是"蒲公英儿童"，他们就像野草一样从不消失，无论落到何处都能茁壮成长，即便在废料场上也能顽强生存。

如果孩子像兰花一样敏感，也并不意味着他/她一定拥有会致的基因。只要这样的孩子能够得到父母、老师或其他相关人士足够的爱护和支持，那么他们显然也会拥有巨大的潜能。关于这一点，儿童心理学家玛丽安·巴克曼斯-克拉嫩堡也已经在实践中加以证实。她致力于儿童多动症的研究，这些孩子早在1—3岁就会跟周围的人打来打去，几乎完全安静不下来，也常常会追打自己的同龄人。

玛丽安·巴克曼斯-克拉嫩堡花了八个月时间拜访这些孩子的家庭，拍摄他们的家庭生活，然后和孩子的父母交谈，告诉他们怎样更好地同那些令他们筋疲力尽的难养的小家伙打交道。不久以后，许多家庭的情况都变得更加令人满意了，包括那些最难开出花朵的携带多动症基因的孩子（他们有一个DRD4——多巴胺感受器——基因变种）。在心理学刻度表上，这些孩子表现出的跟社会和谐兼容的行为提高到了大约27%，而那些没有携带问题基因却行为古怪的孩子只有12%。

另外一些研究报告表明，携带这种基因变种的儿童在三岁的时候甚至特别随和，善于和人打交道。如果父母从一开始就对他们采用一种细心体贴的教育方式的话，那么他们的可爱指数甚至还会高于那些没有携带这种不好基因的同龄人。

科学家们对于基因与环境的这种交互作用探索得越深入，就感到越混乱。在恢复力的形成方面不仅发现了基因-环境交互作用，还发现了基因-基因交互作用。心理学家称之为上位抑他性，意思是一个基因的活跃度通过另外一个基因得以进行或者压制。

恢复力很容易受到基因层面的影响——对于这一观点反正已经没人再相信了。"肯定有无数的基因都在其中扮演了角色。"人格基因学家克劳斯·彼得·莱施说。他认为，以后还会有更多的遗传基因被发现对于人类的心理稳定性起着作用。神经生物学家莱纳·兰德格拉夫也同意他的这一观点。"所谓药到病除的恢复力神丹妙药是不存在的，"这位研究脑部荷尔蒙作用的专家曾经这样说，"但是，也许将来有一天会有一杯鸡尾酒。"

父母自身的经历是如何影响遗传的（表观遗传学）

曾经在很长时间里，DNA 都被视为每个人的物质基材。我们是谁，我们是什么样的人，似乎都是由它的密码决定的。然而，近年来有一个观点已经无法否认：基因并非我们人生的最高主宰。人生有一个比基因高得多的主宰。

因为，DNA 并非静止不变的分子。单从这一点而言，它就无法永远决定人类的外表和行为。遗传特征会随着人生的历程发生许多改变，人甚至还能直接对其施加影响，因为一个人做的事、吃的食物、经历的事情也同样会被记录进 DNA 中。"基因始终保持着对一切外在影响的最高度反应。"基因生物学家吉恩·鲁宾逊说。也就是说，环境能够对基因保持持续影响。

其实，早在上个世纪 50 年代，当这个行业越来越赢得世人重视之时，基因学家们可能就已经想到这一点了。毕竟在人的每一个体细胞中都存在着来自大约 30 亿 DNA 微粒和近 25000 个基因的相同的遗传信息。但是这些体细胞显然是在以千差万别的方式成长发育着：这些变成了脑细胞，那些变成了脚指甲，还有一些形成了眼睑，如此等等。位于视网膜内的细胞和位于结肠内壁的细胞看起来如此不同，并且承担着各种各样的任务，但只有当位于其中的同样千差万别的基因活跃的时候，它们才会起作用。也就是说，早在生命的初期，这些过程——令一些基因保持沉默，而给另外一些投更多的赞成票——就是人体正常运转的基础。

因此，显然存在着一个更高的程序，它会在某个时候对细胞的发育发出指令，告诉它应该强化利用众多遗传信息中的哪一些，又有哪一些是它应该令其停止不动的，以便能够让各个运转的组织器官完成自己的任务。对于这一点，基因学家们其实早就清楚了，只不过他们曾在很长一段时期，将这些以不同序列表现出来的基因活跃度的差别视为不容改变的。他们曾经以为，基因一旦沉默，就会永远沉默。

沉默基因的化学过程

然而事实并非如此。渐渐地，科学家们破解了这个更高的程序，原来是它在告诉基因，要让其中哪些基因务必沉默。这是相当简单的化学过程，它们承担着遗传的开关大任，其中一个最常使用的机制就是甲基化。那些小的化学物质，即所谓的甲基组，被附着到长的遗传分子DNA上，这些化学标记物决定着如何对身体的遗传信息进行评估。因为甲基组会改变遗传特征的立体结构，决定哪些遗传特征片段能够通过复杂的DNA读数仪被完全抓取，并且被生物体理解为行动指令。这些甲基组在那些信息用得很少的基因中出现得更多，似乎在一定程度上使这些基因沉默。相反地，那些特别活跃的基因则很少甲基化。因此就形成了一个性格的甲基化模型，而这个模型是能够不断变化的，但DNA微粒的序列以及基因本身则不会在此过程中发生改变。

因为这些过程共同决定着一个细胞中有哪些基因是活跃的，给一个二级结构添加了遗传特征的力量,人们也将之称为"表观遗传学"。自本世纪初开始,这一新兴生物学研究领域兴旺发达起来。

新闻记者彼得·史博克在其著作《第二个密码》中描述的可谓是关于表观遗传过程之威力的最戏剧化的例子:表观遗传是"毛毛虫蜕变成蝴蝶的变形"。"这个简单的蠕虫类生物,除了吃和爬就再也不会做什么了,然而在其每一个细胞中却都携带着和那个有着无与伦比飞行技巧的美妙动物完全相同的基因。发生改变的,仅仅只是这些表观遗传的程序。……然后,几乎每一个细胞都有了另外的任务。"

尽管在人类身上不存在像毛毛虫变成蝴蝶一样戏剧化的变形,但在人生的进程中也同样会有遗传特征通过表观遗传过程不断发生着变化。经验和环境影响在人体中数以万计的地方经过变化之后,被作为化学标记物在DNA中记录了下来。

如今,科学家们已经发现了食物、空气污染、毒品、脑力劳动和压力等以表观遗传变化的形式出现的痕迹。因此,生物学家将表观遗传称为身体的记忆。这种表观遗传的变化是"遗传特征用来与环境交流的语言",生物学家鲁道夫·耶尼施说。

一个活跃的过程

于是,随着时间的流逝,就连单卵双胞胎也在基因上出现越来越大的区别,而他们原本在形成初始时曾像两个克隆的个体一样拥有相同的DNA。医生暨分子基因学家曼奈·埃特雷已经以令人印象深刻的方式证明了双胞胎的人生会怎样越来越个体化。他在一篇堪称指导性的科研论文中，对40对单卵双胞胎的血液进行了分析研究，这些双胞胎的年龄从3岁到74岁不等。结果显示：这种表观遗传模式在年轻的兄弟姐妹身上差异很小，而在已经到了退休年龄的双胞胎身上出现的偏差却非常巨大。中年双胞胎则是人生道路越不同，出现的遗传特征差异就越大。"如果双胞胎中有一个开始抽烟、吸毒或者生活环境中的空气污染更严重，那么这对双胞胎的表观遗传特征偏差就非常明显。"埃特雷说。整个表观遗传变化过程是"非常活跃的"，这位基因学家又强调说。

那么，到底有多活跃呢？瑞典研究人员曾在2012年3月进行了形象的展示，而这个结果令专业同行们都大吃一惊。当时，来自各个学科的研究生命的科学家们刚刚开始习惯人类遗传特征会发生变化，恰在这时这些瑞典人却分享了他们的惊人发现：生命中的分子变化可以在几分钟内发生。

在心理学家朱琳·吉拉斯女士领导下的科学家团队召集了14名不常运动的25岁左右的男女青年参与了研究项目，让他们在一个自行车测力计上做踏板运动。仅仅运动20分钟后，受试者肌肉细胞中的遗传特征就发生了变化：化学标记物（以甲基形式）比运动前减少。这一结果是从对受试者大腿中提取的50—100毫克的肌肉样本进行分析对比后得出的。"我们的肌肉真的是可塑的。"朱琳·吉拉斯说，她本人也被自己的发现惊呆了。

其实，这一点在日常生活中早已众多周知了。至少肌肉的形状和强度取决于人们怎么去塑造它。运动可以使肌肉得到锻炼，如果打上几个星期石膏,就会比一直锻炼的同胞的肌肉减少很多。"肌肉特别会适应对其所施加的要求。"朱琳·吉拉斯说。但是,肌肉能够快速锻炼这件事令人激动之处在于,它显然是以表观遗传机制为基础的。她认为,去甲基化是分子的训练结果。毕竟并不是这些不爱运动的受试者身上的任何基因都会在运动后发生变化,在运动时参与代谢的遗传基因的甲基组消失得更多。

这样的过程是活跃的,似乎早在生命的早期就已经开始了,也就是说在子宫内。在对双胞胎的研究方面,由杰弗瑞·格雷格和理查德·赛福瑞领导的澳大利亚研究团队要比其西班牙同行曼奈·埃特雷还要早一点。他们通过提取新生儿的脐带血和胎盘的方式,直接在单卵双胞胎一出生就开始研究其遗传特征。尽管他们相信这些双胞胎在基因上还是一致的,却已经带着不同的印记降临人世,而这种改变显然是在母亲子宫内时就发生了。依据格雷格的研究,这些变化必须"归因于有些事情发生在了双胞胎中的一个身上,却没有发生在另一个身上"。因此,早在子宫里,环境就已经开始施加很大的影响了,人们给一些基因特权优待,却让另外一些趋于沉默。

环境?难道对那些处于子宫内的单卵双胞胎而言不应该是相同的么?并非如此。这位研究员说:"他们有各自的脐带,这个供血装备可能存在细微差别,而且他们还有超过95%的可能拥有自己的胎膜囊。"除此之外,双胞胎中可能有一个更靠近心脏,那么另外一个就可能远在腹部的另一端。因此,他们的环境绝对是个体化的,或者说并不相同。

创伤的表观遗传模式

现在人们已经认识到，离母亲的心跳处稍远一点儿以及诸如骑自行车锻炼20分钟等平常小事会对遗传特征产生影响。那么，在经历巨大的心灵或身体创伤后，在DNA上发生的变化又可能有多大呢？"非常巨大。"加拿大神经学家古斯塔沃·杜雷克说。他对来自魁北克的41个男人进行了表观遗传模式的研究。其中25个受试者曾在小时候受过严重的暴力虐待，另外16个则度过了正常的青少年时代。结果显示，那些遭受过虐待的孩子所受的痛打被记录进了遗传特征中。

在暴力受害者身上的362个基因中可找到性格甲基化，其中248个比没有受过虐待的人的甲基化程度强，剩下的则更弱。最明显的是在基因Alsin（ALS2）上的差别，这个基因是在海马区的神经细胞中出现，参与负责大脑的理解能力的。按照杜雷克的说法，这种现象是与导致恐惧的行为改变相关联的。

"表观遗传机制或者说表观遗传机制可能会导致短期的应激反应，既可能持续仅仅数个小时，也可能长达数月、数年，甚至长达一生。"神经心理药理学家埃里克·内斯特说。一个表观遗传变化能够保持多久，它取决于什么、何时，是否会减弱消除——这些正是目前集中研究的课题。显然，正是那些在儿童时期就被添加到遗传特征中的表观遗传标记物会持续下去。因此，小时候所受的创伤会在脑细胞的遗传特征中留下特别深刻的痕迹，因为其所处的正是大脑高速发展的时期。在这些表观遗传变化中，有许多在后来都似乎不再存在了。但相反的是，另外一些标记物，比如通过运动使得肌肉细胞甲基化等，显然在持续地形成或者减少。

埃里克·内斯特是遗传精神病学的奠基人之一。他通过发表的关于啮齿目动物的论文，为精神类疾病提供了无数的分子学解释，同时也唤醒人们对于抑郁症背后掩藏的生物学机制的理解。

心理疾病不仅受到基因的影响，也受到表观遗传过程或者说表观遗传过程的影响。关于这一点，迈克尔·米尼已经通过他的老鼠实验加以证实。令他感兴趣的是，如果那些受父母溺爱的男孩突然在触点对接开关处形成更多数量的"压力荷尔蒙"的话，那么会有哪些机制掩藏其后呢？事实上，那就是纯粹的表观遗传学。米尼偕同分子基因学家默什·史扎夫一起证明了，那些被疏忽的动物身上负责皮质醇对接受体的基因被更多地甲基化了。

但是，米尼和史扎夫的观点在当时实在太超前了。什么？DNA发生甲基化是因为母亲拥抱太少的结果？在本世纪初，来自全世界的科学界同行都无法相信这一点，因为当时依然是"遗传特征中的甲基化是持续的"这一观点占主导地位。甲基化能够因为环境的影响——比如母亲的关爱和照顾——而发生改变，这一观点超越了当时大多数研究人员的想象力。直到2004年，这两位加拿大科学家终于通过坚持不懈的试验，成功地将其发现发表在《自然·神经科学》杂志上。

从此以后，全世界都认识到了，基因显然会因为那些幼鼠的创伤经历而发生改变。在此后不久，埃里克·内斯特又通过一个令人信服的巧妙方法展示了这个关联到底有多紧密。他在一些动物身上尝试阻止甲基化，结果当他将这些小动物不断置于富有攻击性的同类的恐吓之下时，这些小动物出现了心理障碍，而没有这种经历的小动物则相反。受到粗暴对待的小动物对于平时很喜欢的东西表现出的兴趣降低了，比如甜食和性生活。但是给它们服用去甲基化药物后，它们就不再出现这些抑郁症状了。

那么，这些是否也适用于人类呢？也许将来有一天，人们可以借助这样的去甲基化药物来治疗创伤，这样的话可就太有意义了！不久后，米尼和史扎夫就勇敢地提出了这一设想。到了2009年，他们就在一篇引起广泛关注的论文中有力地论证了这一假说，即人类的基因也会通过表观遗传过程发生改变——如果他们在童年时代有过不幸遭遇的话。这些科学家对36个成年人的大脑进行了研究，其中12个自杀者曾在童年时代遭到过虐待，另外12个也同样自杀了，但是——按已知信息——他们并未在小时候受过很大的创伤，剩下的12个则是突然猝死的。

"虐待在大脑中遗留下了痕迹。"默什·史扎夫说。确切地说，是甲基化痕迹：受过虐待的自杀者的神经细胞内的表观遗传模型与那些被冷酷妈妈养大的鼠宝宝有着惊人的相似。童年时代遭受的痛苦导致了一个名叫NR3C1的基因出现甲基化，这个基因是负责大脑中分泌"压力荷尔蒙"的对接受体，因此使得可以令压力荷尔蒙减少的对接受体大约减少分泌了40%。和那些被无爱妈妈养大的老鼠一样，这些小时候被虐待过的人的大脑一直处于警报状态，这显然会使他们变得恐惧、抑郁，甚至可能自杀。

寻觅良久的拼图

"遗传和环境已经无法再分开了，"神经科学家伊丽莎白·宾德说，"两者都是决定性的。"为此，他们在前不久通过一系列昂贵的实验找到了一个证据。宾德和她的同事托斯滕·科棱格对FKBP5很感兴趣，这是一个和皮质醇一样重要的调节器。如果一个人携带的是能够分泌特别多FKBP5的基因变种，那么他就有更大的概率会变得暴力，而且会比携带活跃度小一点的基因变种的人更容易抑郁。但是，这仅仅是在他们自身曾在儿童时期受过虐待的前提下。因为那个本来就容易受伤的基因通过由痛苦引发的压力荷尔蒙洪流发生表观遗传变化，它的甲基化消失了，变得更加活跃。"这种持续的DNA变化主要是由于童年时代的创伤产生的。"托斯滕·科棱格强调说。那些只在成年后才遭受过痛苦的受试者并没有被证实有这样的去甲基化的现象。

但是，这些甲基组一旦被去除，就会在遇到困境时不断分泌出过量的、对于压力特别重要的FKBP5。这个结果"对于应对受压情境是一种长达终生的阻碍"，研究人员这样解释。因此，宾德和科棱格的同事们已经开始致力于研究出一种药物来减少FKBP5的作用。

被遗传的环境

如果可以让表观遗传变化发生，那么也许人类将来有一天甚至可以不再止步于下一代的遗传特征了。现在有越来越多的证据证明，人类由于自身经历的压力、暴力、毒品或者甚至仅仅是食物造成的遗传特征上的变化会继续传给自己的后代。因此，环境和人生经历的影响是巨大的。

下面说的这件事是第二次世界大战的后果。在1944—1945年冬天，由于德国占领，荷兰经历了特别困难的时期，尤其是在这个国家的西部地区。人们无法得到足够的食物，因为纳粹分子在这个特别严酷的冬季扣留了所有的食物，并且几乎完全封锁了荷兰人民的食物供应，造成了大约450万人遭受饥荒，其中约22000人饿死。

这个荷兰人民所称的"饥饿之冬"不仅载入了史册，而且还在荷兰人民身上留下了它的痕迹。在那个时期出生的荷兰人直至今天依然饱受那次大饥荒带来的病痛。这是特萨·罗斯本领导的科学家团队研究出的结果。在"饥饿之冬"出生的孩子直到60多岁依然有别于他们在更好的年份出生的兄弟姐妹。

作为胎儿，这些孩子原本只需要一丁点儿营养就够了。然而他们的母亲当时很少能每天摄入超过500卡路里的食物，代谢显然要适应这种情况。这种表观遗传变化影响了他们成年后的生活，使得他们在战后食品丰富的年代特别快速地摄取过量脂肪，而由于体重超重，也相应经常出现与此相关的疾病，如糖尿病。成年以后，他们罹患心肌梗塞的比例是其他荷兰人的两倍，患上血癌的概率也大很多，并且更容易遭受抑郁症的痛苦。"也可以说：吃什么，你就是什么。"特萨·罗斯本说，他的父母也是在"饥饿之冬"出生的婴儿。"但是同样的，你的母亲吃什么，你就是什么。"

大屠杀的恐怖也同样会对第二代继续发生作用，那些经历纳粹迫害幸存下来的犹太人的后代所遭受的恐惧感、创伤后应激障碍及抑郁症的痛苦通常超过平均水平。来自纽约西奈山医学院的创伤研究人员瑞秋·耶胡达女士证实了在这些人身体上出现很高的应激反应，而在许多本身受过创伤的人身上也同样如此。

目前，瑞秋正致力于寻找有哪些遗传特征中的痕迹会导致应激反应增加。她认为，这些表观遗传痕迹是可以发现的。

不仅仅是皮质醇代谢基因可能造成这些表观遗传变化，那些在创伤事件中已知的 5-羟色胺载体也同样如此，这一点引起了以卡瑞斯特·科龙和莫妮卡·乌丁为代表的流行病学家们的注意。这些研究人员对来自底特律同一个市区的1500名成年人进行了问询，包括他们是否有抑郁症，在自己的人生中战胜过几次严峻的考验，以及是否曾由于可怕的经历而罹患过创伤后应激障碍等等。在对受询者的血液进行遗传方面的检测之后，他们在那些尽管遭遇过无数创伤却从未患过应激障碍的人身上发现，他们的 5-羟色胺载体基因有特别多的甲基化。很显然，由于表观遗传过程，这个递质已经不再像那些敏感的同胞一样那么容易活跃了。

改变是可能的

对于表观遗传学研究的认知中，有一些可谓是惊人的：人们所做的一切都会记录进遗传特征中，无论是过于肥腻的圣诞大餐，还是庆祝活动后的一根香烟。不仅如此，其后果甚至还有可能一代一代地传下去。在荷兰"饥饿之冬"出生的婴儿身上已经有一些迹象显示其在对第三代或者第四代发生作用。虽然迄今为止值得信赖的数据仅仅来自于动物实验，但是这已经非常引人注目了。比如，科学家们在老鼠身上已经证实了吸烟对于孙子辈造成的后果。以维恩德·瑞恩和约翰·图岱为首的儿科医生们设法让怀孕的动物吸进尼古丁，结果发现其后代出现哮喘的概率特别大，并且还能继续传给自己的后代——尽管第二代及其后代很少接触尼古丁或香烟烟雾。在人类身上当然没有进行过这样的实验，但是调查问卷却显示了相似的结果：据加利福尼亚南部的一次采访报告，如果祖辈在妊娠期间吸烟，其孙子辈罹患哮喘的概率会增加一倍。

在这种背景下，人类或许还是难以对自我行为责任。

但是，表观遗传学也绝对有其积极的一面：基因是可塑的！我们从父母处遗传来的，以及我们将遗传给我们的孩子的东西，可以在很大程度上得以改变，这个猜测已经存在很久了。人类身上被遗传的要比通常所说的少很多，我们有力量改变它们。

与一些疾病或者射线在我们的基因中引发的持续变异相反，表观遗传变化特别容易受影响。这些甲基化所必需的化学组既能够在我们的基因上出现，也能够重新消失。关于其速度可以快到什么程度，斯德哥尔摩的自行车测试实验已经给人们留下了深刻的印象。也就是说，如果人类对自己施加积极的影响，那么我们也能够留下印记，就像我们从父母处得到的一样，至少能够让那些没有完全被固定在我们遗传特征中的甲基化慢慢地消失。

精神病学家和化学家弗洛里安·霍斯鲍尔希望，将来有一天或许甚至会出现一种供创伤受害者服用的药片，那么医生就能给那些经历了可怕事件的特别敏感的人开上一种药，来防止其患上应激障碍了。

这样的药能够阻止表观遗传过程，以免创伤在神经细胞中留下记录，他说。毕竟埃里克·内斯特在动物实验中已经尝试给那些遭到同类虐待的老鼠服用去甲基化药剂，以免其发展成恐惧症。

还有一些事也带来了希望。伊丽莎白·宾德认为，也许正是那些在受创后很快出现古怪行为的人能够相当快速地得到解脱。"这绝对是可能的，那些目前存在的基因不仅带来风险，同样也会形成恢复力。"她在谈及兰花儿童和蒲公英儿童时这样强调说。也许那些对于环境影响特别容易出现表观遗传变化的人，也特别容易受到来自环境的正面影响。如果他们决定定期做一些放松练习，参加一些抗压训练，改变自己的职业或者向心理治疗师寻求帮助的话，也许会得到异乎寻常的帮助。

如何使孩子更强大

由于基因的存在，小宝宝天生就会具备一定的恢复力。更多的恢复力则形成于人生的早期，此时父母所起的作用通常占了很大的份额。因此，许多父母都很想知道，怎样才能让自己的孩子变得强大。但无论怎样做，肯定都不会是让孩子不遇到任何困难，专家们这样提醒道。如今的父母对孩子常常过度照顾，结果却反而使得他们与自己的预期越行越远。孩子变得免疫力差，容易生病，遇到困难时束手无策，处理问题的能力不如那些在小时候就比较独立的孩子。心灵的恢复力也像肌肉一样适合锻炼，只有当人们需要它并加以训练的时候才会出现。这样的锻炼可以从很早就开始，比如当父母看到小朋友们因为玩游戏发生争吵的时候让他们自己处理。孩子必须学会承担责任。

连教育部长们也越来越认识到，在孩子小时候就提出这种针对恢复力的要求有多么重要。如今已经有专业人士制定的培训项目被纳入许多中小学和幼儿园的教学计划中，旨在帮助孩子们培养自信心，提高应对冲突和挑战的能力。本章中将对这些项目的相关内容予以介绍，以便父母能够对此有所了解。许多这类专业培训计划也将孩子的父母纳入其中，这样做并非没有意义，而是常常能够帮助他们在孩子教育方面取得更大的成功。

但是，关于恢复力意义的知识也给做父母的带来新的担忧。许多人可能会疑惑，如果充满爱的关注对孩子的心身健康如此重要且会产生终身影响的话，那么岂不是需要父母整天围绕在孩子身边？也就是说，父母二人中最好能有一个完全专注于孩子的教育，而不是为了出去工作，把孩子交给学校老师管教？在此要特别指出，这些担忧是完全没有必要的。过去50年的研究早已证明，将孩子交给他人照顾是完全值得信赖的。因此，那种首先在德国广泛采取的不把孩子过早交给外人照顾的做法，是基于传统的思想观念而非事实基础上的。有些母亲生完孩子不久就重新工作，他们的孩子也并不比那些由全职妈妈带大的孩子更容易出现行为问题、恐惧或者心身性腹痛等等，也不会比他们快乐更少。恰恰相反，挫折甚至有利于孩子的发展。事实上，发展心理学家们早就在这一点上达成了最广泛的共识，认为正是因为孩子们在托儿所和幼儿园里积攒了经验，才使他们的性格变得坚强。

"不要过分保护孩子"

如今的父母总是很焦虑。当然,他们无疑也有别的特点,比如他们经常很骄傲,但压力也很大。他们很愿意和自己的下一代在一起,而且他们也会过于频繁地出现讨厌的感冒症状,患上可怕的胃肠型流感,尤其是当他们的孩子小的时候。但最主要的还是他们看起来总是很焦虑,有一大堆事情要考虑:能否在托儿所或者幼儿园找到一个位子,应该给自己的小家伙选择哪所小学,怎样做才是对小孩健康最好的,以及怎样才能尽可能长久地保护孩子免受生活中的委屈不公,等等。因为他们本身迫于各种各样的压力很少能真正感到幸福,所以他们很想给自己的孩子一个无忧无虑的童年。

但是,如果孩子受到的保护过多,却似乎并不一定会像他们父母想象的那样对其健康发展起到好作用。因为,只有在受到生活的恶意袭击时,在和父母或者朋友冲突时,在克服问题、战胜问题时,孩子的心理才会变得更强大坚韧。当然这还有一个前提,那就是上述那些争吵冲突必须能够在稍后得以解决,并且孩子遭遇的困难也不会演变成灾难。

"每当孩子和父母之间的关系暂时失去平衡,但紧接着又得以修复的时候,似乎就会在孩子身上形成恢复力。"心理学家尤莉亚·科姆-科恩女士说。在争吵中,孩子们的压力指数会升高,而当这个指数又回归正常时,就会产生恢复力。"因此,"科姆-科恩说,"一定程度的压力和冲突对于创造机会,提升自我保护能力是重要的。"

但是,到底什么才是合适的程度呢?这是埃尔朗根恢复力研究

专家弗里德里希·洛赛尔最喜欢的课题之一,他曾在一次谈话中阐明了自己的想法:

您经常提出这个忠告:"不要过分保护孩子。"究竟为什么呢?

在我们这个时代有这样一种类型的父母,他们永远都在帮助自己的孩子。如果孩子处在困难中,这样做也挺好,但是不能过度,不能帮孩子消除一切障碍。因为困难也是人生的一部分,无论对于父母还是孩子都是如此,人们必须不断地提醒自己这一点。人们可以坦然地接受困难,并且依然可以幸福。

困难到底能带来多少好处?

孩子在漫长的人生中会不断遇到困难,这不是我们为人父母能完全保护得了的。也就是说,必须培养孩子应对各种挑战的能力,因此必须让他们经历失望和打击。每解决一个问题,孩子的自信就会增加一点,只有这样才能够使他们做好准备,在未来解决自己的问题。如果从来没有学会这些,那么当困难出现时,他就会逃避或屈服,而不是去处理,最后就会缺少动力来承担自己的责任。

到底有哪些困难是不应该帮孩子解决的呢?

所有问题,只要不是一定需要提供帮助,那就听任孩子自己处理。"尽可能少并且尽可能必要。"这是教育家给出的一个很好的指导原则。在孩子很小的时候就开始这样做,比如一个两岁的孩子摔倒了,不要去扶他,他可以自己起来,这样等下一次再摔倒的时候,他就会知道自己不需要父母的帮助就能站起来。当孩子们在玩耍时发生争吵之类的小状况，也可以让他们自己解决。只要不会因此受伤，就应该锻炼他们，让他们知道怎么处理争吵，以及之后如何重新恢复友谊。

那么当孩子长大点儿之后呢？

到那个时候，积极地为他们创造一些克服困难的机会很重要。应该让他们承担起跟其年龄相符的责任。比如按时倒垃圾，给天竺鼠喂食，或者整理自己的房间，等等。同时，孩子应该独立完成自己的家庭作业，并且自己准备第二天上学要用的东西，再大一点儿的孩子也可以独立准备学校旅游时的行装。如果孩子能够被允许独立完成许多事，他就会更加自信。这种自信会伴随孩子整个人生，并在他遇到危机时帮助他。

对父母而言，很难眼睁睁地看着自己的孩子去做一件明显的蠢事。

父母当然不应该让自己的孩子陷入困境，但是也不必一直提醒他们注意。生活是孩子最重要的学校，他必须学习在不顺利的时候能够坚持住，只有这样他才能在成人以后也做到这一点。能够让孩子强大的父母通常只在必要的时候才予以指导。

假如德国人拥有更多的孩子，就肯定顾不上多过问孩子的事情了。

父母对孩子过高的关注可能与目前大多数家庭只有一到两个孩子有关。相应的，现在的孩子也会得到父母更多的关爱和照顾。尽管如此，我们却不能够无限制地溺爱孩子。当然，我们必须给予他们适度的反应，以便他们能够和我们及他人建立起一种坚固稳定的关系。

这种稳定性对孩子意味着什么？

孩子必须知道：这是会接受我的人，但这也是会给我设限的人，我不能对其为所欲为。一种有权威的教育方式是重要的，这并不是说父母要独裁，而是应该懂得拒绝以及严格控制。父母应该具有教育的权威性，也就是说，他们应该给予孩子温暖和支持，但同时也要明确界限，并且能够掌控。比如外出游玩时不能因为怕孩子大声叫嚷就给孩子买第三支冰激凌，那样做只会让孩子误以为要想成功就得施以暴力威胁。

社会化学习也可能会令人很痛苦，那么应该让孩子独自舔舐自己的伤口么？

不是的。尽管可以让孩子们拥有负面经历，但是过后要给予他们支持。每个孩子都应该拥有这种意识，即父母会在他的身后支持他——无论他做了什么样的荒唐事。这是危机时刻的一个非常重要的保护因子：在需要帮助的时候，人们知道可以去找谁，而这个人也会给予自己帮助。

如果让孩子承受过多的挫折打击，会造成多大伤害？

如果一个心理学家这么说，那么听起来也许很糟糕。但是，我们也不能过度高估家庭教育的影响。有些敏感的父母认为，每一个教育细节都很重要。但实际上对于普通民众中的大部分中产阶层而言，这一点却根本不重要，因为所谓极端环境是指那些会让孩子受伤的地方——比如让孩子受到忽视或者暴力伤害。如果他们能够给予孩子很好的教育，那么偶尔打孩子一巴掌虽然不是什么美好的事，但也不会因此就令孩子受到心灵创伤。早在1990年，我们就已经在联邦政府的防止暴力委员会为禁止惩罚孩子斗争过，并最终于2000年颁布了法律。但是，这样做的目的并不是为了让一个普通的父亲因为打了一下孩子而丢脸，而主要是为了给那些冷酷无情的父母发出信号：打孩子并不是教育的组成部分。

如今中产阶层的父母也许感觉更难放手让孩子去体验生活了，因为生活似乎变得更危险了。

只是看起来这样而已。我们必须谨防陷入怀旧式考察方式中，因为过去也并非一切都很完美。但是今天的孩子们拥有的成长空间实在是太小了，甚至如今许多孩子几乎不被允许单独上街。父母要学会不要过于担心害怕，孩子则必须知道，这个世界可能存在危险，但是他们能够保护自己，并且知道如何保护自己。

许多父母觉得跟自己的孩子一起做什么都很棒，而不是让他们独自去做。

这种持续不断的亲子活动在我看来已经有点泛滥了。孩子必须学会忍受无聊，能够自己找点儿玩具出来玩一玩或者修一修。现如今，人们几乎每个周末都能外出去某个大卖场或者家具市场玩玩逛逛，而且还有电脑，可以说有许多事情可以消遣。孩子必须学会独自玩耍，不能时时刻刻都有活动。这样他们就会自己找点事情来做，也就为创造力提供了空间。要让他们相信，即便不去外面玩，也能度过一个美好的下午，而且这也是一种自我效能感提高的经历。

离婚率在上升。如果父母离婚了，那么这对孩子的心理发展有多糟糕呢？

在单亲家庭生活被视为是心理健康的危险因素，但这当然要看父母是否是在争吵和不断冲突中分手的，以及孩子是否被争来夺去。如果离婚后彼此相处得挺好，孩子就不一定会遭受很大痛苦。

来自离婚家庭的孩子在未来自己也离婚的概率更大。他们的婚姻能力会受到阻碍吗？

这里有一个简单的统计结果。是的，父母的婚姻破裂显然会对孩子造成伤害，使得一些孩子在未来没有能力承担婚姻。但是对于这种统计学上的关联性也有另外一种解释：经历过父母离婚的孩子已经知道，这种事并不是什么巨大的灾难，人们是能抗过去的，甚至也可能是一种更好的解决方法。这也许是他们后来更容易决定离婚的原因。

青春期的教育怎么办呢？到了青春期可就没法再掌控下一代了。

不，必须对孩子制定规则，传授规范，即便是在青春期也要如此。父母可能认为，说也没用，反正孩子也不再听我的话了，但尽管如此，还是要告诉孩子，自己不希望孩子太晚回家。不一定非得要这样的话起什么作用，就连我们自己也不可能总是准时回家，但还是要这么做，因为这会形成一种价值体系。当然，只有当父母和子女之间的关系总体上是良好的前提下，这种做法才会起作用。不过，在大多数情况下都是有用的，尽管在青春期会出现各种交流困难，但孩子还是爱父母的，也会希望自己能让父母满意，这样就会形成一种观念模式和标准规范，让年轻人在度过这个狂野的阶段长大成人以后也会遵守，而且这种规范也会为他的人生搭建一个框架结构。

将恢复力法则纳入幼儿园教学计划

没有什么能比给予一个人信任更令其强大

——保罗·克洛代尔

杰森没有获得星星贴纸，一个都没有，是他所在班级唯一一个没有得到星星的孩子，但是这个来自遥远美利坚的某个联邦州的小男孩对此却一无所知。杰森的孤独在学校举办的一次试验中暴露了出来，而老师们原本是想通过这个实验来让孩子们获得安全感的，并且证明他们没有让任何孩子被忽视。他们把所有学生的照片都在教师办公室里挂了出来，每个老师都在自己联系过的那些孩子的照片下方贴上一个闪闪发光的小星星。可是，杰森的照片下方却空空荡荡。

对于杰森学校的老师们而言，这是重大的报警信号。这些小星星是一个旨在在学校强化恢复力的项目的组成部分，因为对恢复力了解得越多，就越显示出教育工作者在其中扮演着重要的角色。埃米·沃纳女士在考爱岛调研报告中早已指出，亲密的人际关系很有助益，但孩子到底是跟哪个人拥有亲密的关系则完全无所谓，可以是母亲或者父亲，也可以是一个邻居、父亲的一位朋友、小乡村的牧师，或者甚至是一位老师，都同样很好。

因此，这所美国小学的老师们决定，也要让杰森在他们中间有一个关系人。于是他们开始思考，到底应该怎么做才能让这个小男孩至少和一位老师建立起良好的关系呢？他们肯定能在杰森身上找到一点儿让他们喜欢的东西的，那么他们到底觉得这个孩子哪里比较好呢？甚至或许还能令他们感到惊喜？于是，老师们调动起自己最大的感情来集中关心这个非常内向而且还经常有些难搞的孩子，和这样的孩子建立关系的确不是一件容易的事。

人际关系创造恢复力，而恢复力又是人生必备的技能和工具。如今，教育学家极其重视恢复力的强化训练，可以说恢复力已经在德国中小学和幼儿园成为一个广为认知的概念了。"来自恢复力研究领域的这个结论并非是对于自我治愈的单纯信任。"心理学家多丽丝·本德强调说，它更意味着助人自助。

因此，专家们希望能够尽早在德国教育机构中开辟孩子积极发展的空间。尽可能不要让孩子先发展出一种对自我的负面观点、不好的克服困难的策略及社会行为方式。虽然在绝大多数德国联邦州，这种恢复力强化训练几乎都取决于幼儿园负责人自己的观点和态度，但是在巴伐利亚州已经成为了法定义务。

早在2008年秋天，巴伐利亚幼儿园的教育工作者已经开始填写"PERIK"观察记录表，这个表是慕尼黑国立早教研究所的米卡拉·乌里希和托尼·玛伊尔制定的，PERIK是"幼儿园时期的正向发展及其恢复力"（Positive Entwicklung und Resilienz im Kindergartenalter）的缩写。教育工作者借助PERIK表来评估孩子的社会能力和情绪控制能力，"而这些能力无疑是成功人生的重要基石"，托尼·玛伊尔说。

通过PERIK来考察孩子在六个领域的社会性情况，即他的交际能力、自控能力、自我判断、压力调控、任务定向和探索精神。考察结果可以让教育者更清楚地了解每个孩子的强项和弱点，因而也就能够更有针对性地对其提出要求。教育工作者和家长坚持记录孩子的缺点和弱点，而不是集中关注孩子的能力，这样做有利于提高孩子的能力和恢复力。"这样做的目的是让孩子的长处和短处都能得到显示。"柏林医疗卫生教育家莫妮卡·舒曼说。在聚焦孩子优点的同时，也不能忽视或者低估孩子存在的问题。

尽管即便没有这个调查表，教育者也能很容易发现孩子在集体中的表现如何，也会对孩子的性格特点有一定了解，但是填写这些调查表可以帮助他们更细致全面地观察孩子的进步。

比如，尽管劳拉和其他孩子之间有许多联系，但是经过更仔细的观察，就会发现她的交际能力受到局限，因为她几乎从来不掌握游戏的主动权，而且更重要的是：她坚信自己没有朋友。劳拉的强项是喜欢交际，也就是说完全可以进一步提高这种能力，这就是教育者可以入手之处。

强大和聪明

这个 PERIK 观察记录表是巴伐利亚州教育计划的一个组成部分，因为此表中提出的能力——如探索精神等，不仅可以令孩子强大，而且令他们聪明。对于探索尝试的勇气和兴趣非常重要，会引导孩子想去了解新事物而不会感到害怕，即便面对的是并不熟悉的学习领域。而一个总是担忧害怕的孩子常常无法很好地适应挑战，他的学习能力和好奇心会因为害怕而受到限制。

也就是说，这种社会-情绪能力，或者说情商，除了可以用来了解孩子适应学校的情况,还顺带决定了他们的学习成果会如何。"我们不想再重温以前那种将智商和情商极化的情况,"玛伊尔和乌里希说,"我们秉持的观点是,情商是确保学习取得成功的一个重要的前提条件。"恰恰是对于那些很小的孩子而言,特别重要的是要注意观察他们的这种情感层面的情况:他们是怎样对待学习的——持有哪些态度和情感?他们是怎样和其他孩子及大人打交道的?他们是否充满信心、坦诚和好奇?他们的主动性和忍耐力如何?他们怎样对待压力?他们能否拥有自己的观点和看法?"这些能力对于孩子而言特别重要,直接关系到他们的健康快乐、与他人的和谐相处能力以及学习机会。"玛伊尔强调说。

但是,这些对PERIK问卷的回答也同样将教育者的目光引向了另外一些方面:我怎样才能在平时帮助这个孩子,比如处理紧张和压力。当某个孩子因为巨大的忧虑和紧张而不断抱怨自己肚子疼时,他们可以问孩子:怎样才能让你感觉好一点儿呢?你想一个人安静一会儿吗?还是说你想出去走走,甚至跑上几圈呢?通过这样的建议,可以让孩子知道,原来有些问题也是可以自己解决的,这会令他变得自豪和强大。

除了PERIK项目,如今在德国还有许多其他项目,都旨在帮助孩子们变得强大,并促进他们的系统发展。在形成恢复力的因素中,除了和一个关系人建立稳定的情感关系,获得来自家庭之外的社会支持之外,自信心以及掌控和调控自己的情绪及行为的能力也尤其重要。因此这些项目的基础课题通常都是关于自我认知、愤怒调控及自控力、自我影响、社交能力、移情能力、情感区分、应对压力、消除问题,等等,同时也包括自我认可。

弗里德里希·洛赛尔对这些项目的成功实施持乐观态度，其中也包括海德堡大学的那个很有名的防止暴力的项目"不要拳头"、德国儿童保护组织发起的"强大的父母—强大的孩子"以及洛赛尔本人所在的埃尔朗根-纽伦堡大学研究所的 EFFEKT 项目，即"家庭中的发展促进：父母和孩子训练"（Entwicklungsförderung in Familien：Eltern und Kindertraining）。在 EFFEKT 框架下提供了针对不同年龄组别的短训班。

厄尼和伯特当主持人

在小家伙们之间是由著名儿童节目《芝麻街》中的主角木偶厄尼和伯特充当冲突裁判的。角色扮演游戏、问答比赛和运动游戏也被纳入其中，主要传递的信息是：我能解决问题。

其中有一个画面显示，有两个孩子在滑梯上，其中一个很想往下滑，可是另外一个却固执地坐在下面不动。"我现在应该怎么办呢？"那个坐在滑梯上方的孩子面临着这种问题，而且他已经在上面等了很久，现在终于轮到他了，他好想感受那种飞驰而下的快乐。"我可以不管他，直接滑下来，"上面的孩子可能这么回答，"但是速度很快，假如下面那个孩子不及时躲开的话，我的脚就会蹬到他的后背上。"

那么接下来会发生什么事呢？

在"我可以解决问题"短训班上，这些学前班的孩子可以就日常生活中可能遇到的这样或那样的问题进行思考和讨论。他们要从中学习如何发觉自己的情感,同时也包括他人的。既包括"假如滑梯上的是我的话该怎么办呢?"也包括"下面坐着的那个孩子现在会有什么感觉?"也就是说,关键在于认识到别的孩子的行为背后掩藏的东西。"其实光坐在那儿而不继续玩耍也不是什么特别美好的事。如果他这么做了,可能是因为他这会儿有点儿不太舒服。"

"假如你就这样滑下去的话,会发生什么事呢?"这样的问题又接着被抛给了孩子。"他可能会哭的,或者变得很生气,动手打我,最后我们两个都会号啕大哭。"那么,或许就能接着想出另外一个解决方法了。"我可以先对他喊:'弄点儿沙子到滑梯上,这样可以更快!'或者:'快上来,我们一起滑。'"这不是一个好主意么?

针对小学生的培训也差不多,他们接受的是一种根据交通信号灯原理制定的"解决问题训练"。首先亮起的是红灯,这时可以首先对自己大喊一声"停",然后深呼吸,自述现在究竟存在什么问题,自己有什么感受。然后将信号灯变成黄色,意思是制定一个计划。你在这种情况下能做什么?这样做的话,接下来可能会发生什么事?能否起作用?现在亮起绿灯,表示开始尝试最佳想法。最后问自己:这样做行么?

结果显示,当项目在两年后结束时,在参与项目的幼儿园小组中出现的行为问题平均降低了一半,接受培训的孩子因为打架斗殴而被负面评价的比例从 9.2% 下降到 4.4%。"这样的恢复力项目可以最快地帮助到那些明显具有行为问题的孩子。"洛赛尔总结说。

因此,他认为孩子的父母也应该参与到训练中来。"那样的话效果会更好。"这位心理学家说。在这些项目中,父母被指导应该设立界限,他们应该学习怎样才能适当地表扬自己的孩子并使孩子良好的行为模式得到强化,怎样和孩子进行有益的、建设性的谈话,怎样通过表扬、奖励和鼓励来培养孩子与社会和谐相处的性格。同时也适合用来强化父母的自信心,开发他们做父母的能力,教育家科琳娜·乌斯特曼·赛勒强调说。

每个孩子都有天赋才能

如今这种信念已经广为传播了,即每个孩子都具备特殊的天赋才能,只是需要去发现它并加以强化。"这是恢复力的核心准则。"儿童及青少年心理学家乔治·考曼强调说。有些与恢复力开发相关的因素在特殊情况下也会产生负面作用,比如不同的社会环境。对于那些生活在贫困环境中的青少年而言,严厉的教育模式常常可以防止他们走向失足或者暴力,但是对于那些父母性格动摇不定的孩子而言却又并非如此。"每个因素都是既可能起好作用,也可能起坏作用。"法兰克福医疗卫生教育家米歇尔·芬格勒说。有暴力倾向的孩子往往具有非常鲜明的自我价值观,那么再去强化他的自信心就不一定是个好主意了。相反,那些害羞胆怯的孩子很少会干违法犯罪以及暴力的事,也就是说,他的恐惧害怕恰恰是一种保护因素。

同样的,通过交谈来解决冲突也并非总是好方法。"这在中产阶层或许是一种很有意义的方法。"芬格勒说。但是在社会边缘阶层则行不通,在那儿最常采用的情感交流方式是拳头。对于来自这个阶层的孩子和青少年,最好采取让他们彼此训练的方式,而不要让经过科学培训的教育工作者或者施教者参与其中。也就是说，其背后隐藏着一种"积极的同伴文化"，即门当户对的文化理念。

恢复力显然是一种与"将孩子仅仅视为外在影响的被动接受者"这种观点相反的概念，教育家沃尔夫·高佩尔在他的著作《教师、学生和冲突》一书中这样写道。它更意味着，孩子和青少年能够自己采取行动，参与塑造自己的人生，积极克服遇到的困难。但是孩子是不可能持续地令自己具有恢复力的，科琳娜·乌斯特曼·赛勒强调说，"因为孩子对于生活环境的依赖要远大过成年人，因此从根本上来说更取决于支撑体系"。

因此，所有跟教育相关的人都能够并且应该伸出援手，来帮助"孩子相信自己的力量和能力，相信自己的所作所为是有价值的，相信可以通过行动来改变自己"，乔治·考曼说。

——如果孩子从小就参与重要的决策过程，那么他们就能够意识到，自己的行为是有作用的，并能够掌控自己的人生。

——如果让孩子承担一些有助于恢复力的小责任小义务，比如当班干部或者负责上课前给教室通风，那么他就会感到自信，并学习自己采取行动。

——如果孩子在发育早期就已经知道，遇到问题时可以向父母或者周围的人求助，那么他就会懂得在困境中寻求社会的支持。

——如果孩子在小的时候就能意识到自己的长处，并且正面看待自我和受压情境，那么他们就不太会让自己在困难面前心灰意冷、不知所措、压力重重。

——如果孩子知道人们可以有意识地研究讨论问题并共同解决冲突，那么他们就不会回避问题，而是会学着寻找解决方法。

——如果孩子得到帮助，认识到他们的需要并加以解决，那么他们就能发觉人生的意义。

总而言之，考曼说道，我们需要"学校及其教育机构赏识孩子的能力并赋予其人生信念"。

孩子对母亲的需求有多大？

对于周围那种愤怒的目光，瑞娜·克拉维茨克已经习以为常了。当这位慕尼黑一家托儿所的所长带着她的小家伙们一起乘坐6路车出游的时候，路上总是会遇到担心不已的行人。"孩子还这么小居然就上幼儿园了。"他们总是满怀同情地说。这种认为孩子在三岁之前应该由母亲亲自照料的观点在德国依然广为流传。几乎在世界上其他任何国家都不会像德国一样令孩子的母亲感到良心不安，假如她们将未满三岁的孩子交给陌生人照顾的话。"如果母亲工作，那么学龄前儿童可能会受苦"，这样的说法在2006年的一张欧洲调查问卷上还有60%的科学家表示认同。这当然也对母亲的行为产生了影响，在德国，只有44%五岁以下儿童的母亲继续工作，这个数据位居欧盟最后一位。

但是，这种担心真的有依据吗？"没有。"心理学教授斯蒂芬妮·亚奥实说，所有较新的对于托儿所孩子健康和幸福感的调研结果都得出一个结论："对于母亲是否应该工作的争论主要是基于意识形态，而并非事实依据。"

在2010年，美国心理学家曾就过去50年中关于托儿所研究的所有文献进行了整合总结。"如果母亲在孩子三岁前就重返工作岗位，她们的孩子在后来出现的学习或者行为问题并不比全职母亲的孩子更多。"这就是瑞秋·卢卡斯-汤普森领导下的发展心理学家们得出的结论。他们再次仔细研读了从1960年到2010年间的69篇相关调研报告，其中许多根本不是类似瞬间抓拍的短暂调查，有一些甚至一直追踪孩子到长大成人。"孩子出生后不久就要重新开始工作的女性不要因此过于担心对自己的孩子不利。"卢卡斯-汤普森简明扼要地总结说。有趣的是，在所有这些数据中，只有一项统计数据能够有力地说明全职母亲和在职母亲的子女存在的区别。根据这个数据，在职母亲的孩子甚至更少出现内视问题。也就是说，他们更少出现自我怀疑、抑郁或者恐惧。

在德国，关于托儿所的激烈争论中有一个问题存在良久，那就是在德国几乎没有这种从孩子小时候就开始一直追踪若干年的调查报告。几年前开始，斯蒂芬妮·亚奥实和弗里德里希·洛赛尔希望能够改变这种状况。他们对来自埃尔朗根和纽伦堡的660个学龄前儿童的老师和母亲进行了为期六年的询问，想知道这些母亲是否在孩子很小的时候就外出工作了，并且特意罗列了近50个与这些孩子性格特点相关的问题来让相关人士回答。他们想以此避免出现"社会期望值的影响"，比如在职母亲可能会淡化其子女的行为问题，而爱批评的严厉老师则反过来，也许会过度负面评价。

调研结果非常清楚，并且在任何方面都令人欣慰。"在孩子行为问题与母亲是否工作之间不存在任何关联性。"弗里德里希·洛赛尔强调说。而且，无论母亲是在孩子一出生就外出工作还是等孩子进了小学才开始工作，无论是全天工作还是半天工作，结果都是如此。

来自埃尔朗根的这个调研结果与来自美利坚的大量报告以及德国托儿所研究之母、出生于图林根的利斯洛蒂·阿奈特的调研报告都一致。这位发展心理学家已经在公共托儿机构对于孩子的心理影响这个领域从事研究几十年了，从中提炼出了自己的指导原则。她很乐意分享并不断强调这句话："母亲们，放松点儿！"教育孩子的人并不一定要自己很完美。"并非像许多人一直以为的，在孩子两三岁前，母亲的一举一动都会给他们打下不可逆转的烙印，直接影响到孩子未来能成为什么样的人。"阿奈特说。而且，作为母亲也不必像以前曾长期奉行的教条所言，要从头到脚、夜以继日地专心侍奉自己的下一代。

还有一种观点同样广为传播，认为孩子理所当然要跟母亲待在家里长大，因为母亲和孩子是一体的嘛。但是，什么叫理所当然？关于儿童教育，是无论如何也不能如此简单定义的，利斯洛蒂·阿奈特说。光是看一下这个世界上未开化的原始民族就能发现这一点了，比如南非卡拉哈里沙漠里的原住民康族人，那儿的母亲在孩子三岁前几乎总是把孩子带在身上到跑，孩子和母亲几乎是共生共栖的。但是也有另外的极端例子，在中非的埃维人，这个民族的成员将自己的孩子从一个母亲的怀抱传到另一个母亲的怀抱，每个埃维宝宝平均有14个养育者，其中几个甚至还会给孩子喂奶，所以有时候孩子一天只有1/5的时间是和自己的亲生母亲待在一起。

所谓只有小时候"和母亲整天粘在一起"的孩子才能健康成长这种事是根本不可能的，美国进化生物学家贾雷德·戴蒙德反驳说："否则的话，那些富有工业国的家庭主妇的子女岂不是这个世界上最早的且是唯一的精神健全、智力正常的人了？"然而，即便是在这些国家，100年前，孩子也是由阿姨叔叔以及其他相关人士构成的大家族共同照料养大的。

质量并不等于数量，对于母亲与孩子的关系也同样如此，教育家和发展心理学家们一致强调说。关键并不在于父母和孩子在一起待上很多时间，而是在于他们如何度过共同时光。从这个角度来说，在职母亲和自己的孩子共度的时光根本不少，她们也和全职妈妈一样经常和自己的孩子一起玩耍，对此已经有许多调研报告证实了。

一个充满刺激的环境会起到什么作用

恰恰是那些普通家庭能够优先获得托儿所的位子，而与那些全职妈妈带的孩子相比，这些上过托儿所的孩子很少会出现攻击性或者特别大的恐惧。瑞秋·卢卡斯-汤普森也发现了这一点，这种家庭之外的早期人际交往对于来自单亲或低收入家庭的孩子非常有利。对他们而言，能上托儿所是一件幸事。

在许多专业人士看来，那种被蔑称为"家庭酬金"的抚育金补贴是一件可怕的事，因为它很可能会使得那些来自社会底层的母亲为了拿到这笔补贴而将孩子留在家里抚养。然而，恰恰是对于这些家庭而言，让孩子到托儿机构接受早期的专业照顾非常重要，可以"防止孩子未来的不幸，比如学业失败、难以入职甚至走向犯罪"，社会政治学教授海尔曼·舍尔说。并不一定要放在母亲身边养育才能令孩子更好地成长。

就此而言，托儿所和幼儿园不仅对于孩子的行为养成具有正面作用，对于精神的发育也同样如此。早在1962年，美国教育学家就已经提出了这个问题，直到今天依然令德国许多母亲和政治家感动。那就是：孩子需要多少母亲？这些美国教育工作者发起的"佩里学前项目"是针对三岁以上儿童的，而10年后开始的"启蒙项目"则是面向三个月以上的婴幼儿的。在这两个项目中，那些来自社会弱势群体的孩子可以在日托所中得到照顾，然后将他们的成长情况与那些来自相似家庭环境，但是在家里抚养的孩子进行对比。

如今，佩里学前项目已经度过了50岁生日。当年托儿所里的小家伙可能已经功成名就，拥有比邻居家和母亲待在一起长大的孩子更高的收入。他们中很少有人会走进监狱，接受社会救助的概率也减半，甚至就连他们的健康状况也比那些小时候完全在家里养大的孩子更好。

恰恰是在人生的头几年，这种开发特别有用。如果在生命的早期大脑就萎缩了，那就几乎无法再弥补了。"要确保孩子拥有良好的开始，而社会对此承担巨大的责任和义务。"海德堡发展心理学家萨宾娜·鲍恩女士说，"我们必须为我们的孩子创造一个有益的环境。"而这正是无数孩子在自己的父母家中缺少的，因为很可能在那儿几乎无人和他说话，或者只有电视机开着，婴儿的大脑只能徒劳地渴求有益的开发。

另外，启蒙项目也会对智力产生类似的积极影响，但这些孩子只会接受调查到21岁为止。那些来自日托所的孩子在智力测试中明显比待在自己家里的孩子更好，他们在学校的阅读和计算能力更好，上大学的概率也更大。

这不仅仅适用于美国边缘阶层环境，也同样适用于德国中产阶层。"儿童早期教育对于其未来的教育之路有着无比巨大的影响。"瑞士劳动和社会政治研究办公室得出这个结论。该机构受贝塔斯曼基金会的委托，对1000多名于1990—1995年间出生的孩子进行了调研。按照他们的调研结果，上过托儿所的孩子后来要比那些待在家里或者交给保姆照顾的孩子上九年制文理中学的概率更大，其中有50%的孩子取得了可以直接进入大学深造的文理中学毕业证，而在家里抚育的孩子中只有36%，而且孩子在中学阶段的成绩与这些上过托儿所的孩子的父母是否曾取得文理中学毕业证无关。

受益的不仅是这些孩子和他们的家庭，将钱投入好的托儿所要比其他投资更有意义，甚至就连最强硬的经济学家也赞同这种观点。

在2000年，詹姆斯·赫克曼凭借其推动这种认知的研究工作荣获诺贝尔经济学奖。"投资出去的每一个美元都会获得多重回报。"赫克曼说。因为上过托儿所的孩子经常可以取得档次更高的中学毕业证，以后可能挣的钱更多，他们反过来又会回馈社会，将钱投入大多由国家资助的公立托儿机构——比如通过更高的税收和退休者的捐款。与之前投入到托儿所的资金相比，国家通过这种方式回收的资金高达三倍，这是那些贝塔斯曼基金会委托进行调研的专家经过测算得出的数据。可以说，获得更高的学历和更高薪水的基础在孩子很小的时候就已经打下了。

但是，上托儿所就没有坏处么？假如孩子在很小的时候就要和父母分开，对于建立对恢复力如此重要的亲密人际关系而言，会有什么影响呢？难道家庭不正是建立亲密关系的最佳场所吗？至少母亲的照顾要精心、细致多了，她们总是会竭尽全力地让自己的孩子过得舒适，不是么？

这主要取决于托儿机构的设施质量，利斯洛蒂·阿奈特强调说。孩子需要一个值得信赖、细心体贴的人全心照顾他们，但这个人却不一定非得是母亲。"过度母亲化并不是好事。"阿奈特说。在孩子一岁以后，"扩大的社交圈"有助于其发育。应该让孩子向世界踏入一步，开始接触社会，以便能够脱离母亲的怀抱，积累自己的经验。因此，上托儿所不仅有利于那些来自社会底层的孩子，发展心理学家萨宾娜·鲍恩补充说，而且"对那些被过分保护的孩子也同样如此"。

对大多数孩子而言，上日托机构是非常令人激动的事，这是待在家里无法得到的，鲍恩说。"孩子们接触不同的教育方式，并让自己融入一个小群体中，这些都是价值不可估量的经验。"心理学家亚历山大·格劳博也说。尤其是对于家里的第一个孩子而言,上托儿所对于培养其社会能力非常有益。

不过,格劳博同时强调说,并非所有孩子都会立刻对托儿所做出正面反应。如果一个小宝宝害怕别的孩子,或者因为要和家人分开而一直哭个不停,或者不喜欢托儿所的喧闹,那么由母亲、父亲或者保姆来抚养也许是更好的选择。萨宾娜·鲍恩也强调说,父母要仔细关注孩子的反应,而不应该为了一个在孩子出生前就制定好的旅行计划将孩子送去托儿所。

但是,即便是个别孩子感觉跟保姆在一起或者待在家里更舒服,迄今为止也没有一个严谨可靠的调查报告能够证明上托儿所的不好之处。反对上托儿所的人很喜欢引用一个在1991年开始的美国调研报告来佐证,这个调研是国家儿童保健和人类发育研究所(National Institut of Child Health and Human Development,简称 NICHD)做的。他们追踪调查了超过1000名来自不同家庭背景的儿童的人生历程,观察了所有能想到的方方面面——包括哪些孩子晚上尿过床,哪些有点儿抑郁表现或者总是说肚子疼,哪些孩子有手脚乱舞坐不住的现象,等等。在所有这些方面,日托所的孩子都完全和普通孩子一样。最重要的结论是:当时在家里抚养的孩子却表现得很好。如果孩子被父母照顾得很好,那么他们会发育得很棒,尽管他们常常会被养育者过分保护。"不管怎样,这些孩子并没有出现批评者常常指出的那种亲密关系问题。"心理学教授米歇尔·兰姆说。

托儿所反对者很喜欢从 NICHD 研究报告中摘取部分结论来作为自己反对让孩子过早和母亲分开的依据。这个结论刚开始看起来有点吓人,因为在四五岁的时候,托儿所的孩子会出现一个古怪的行为:

他们看起来似乎要比那些在家里由母亲、保姆抚养的孩子更加倔强。

"但是倔强不一定是不好的事。"米歇尔·兰姆强调说。如果孩子和老师或者家长起冲突，可能只是因为他们比别的孩子更自信，这位发展心理学家说。斯蒂芬妮·亚奥实也这么认为，她也在自己的埃尔朗根研究报告中发现了类似的现象。但是这种稍微明显一点的倔强会很快消失的，亚奥实说。本来这种现象就没有被视为值得警惕的情况，很可能只是一种自然的过程，只不过在家里养大的孩子可能要延迟到上学后才会出现。幼儿园的孩子"比同龄孩子参与的集体活动更多"，因此更容易导致小家伙之间发生嘲笑、冲突等，也有可能会说骂人的话。

毫无疑问，小孩子是需要母亲的，但母亲不必因此就必须永远和孩子待在一起。这是现代关系研究领域提出的建议，早已将母亲是不可或缺的这一神话搁置一旁了，萨宾娜·鲍恩说。怎样才是对孩子好，这也取决于父母的需要和决定。身为父母不用太担心，唯恐自己在孩子的教育问题上犯点儿什么错。发展和人格心理学家亚历山大·格劳博也忠告说："孩子具有难以想象的犯错天赋。"他们天生就不会让一切事情完美。"只要观察一下孩子要跌倒多少次才能学会走路，就会知道他们对待错误的态度其实非常宽容——无论是对自己的错，还是环境的错。"

因此，利斯洛蒂·阿奈特释然地说："即便孩子完全跟在母亲身边长大，理论上也不会有什么害处。"

日常生活指南

儿童时代并不能决定一切，在之后的人生中依然可以获得心灵的强大，因为人的个性绝非不可更改。仅仅在若干年前，心理学家还一直认为，在青春期过后、最迟到30岁，人的性格就会定型，几乎难以改变了。但是如今专家们的看法已经不同了，他们认为，即便是成年之后，人的性格依然是可以改变的——只有一个重要的前提：他们得自己愿意改！

性格测试表明，恰恰是那些恢复力较弱的人反而特别有能力发生改变。而且心理学家们可以信手拈来一系列行动指南，帮助人们给心灵多一点保护，尤其是当人们十分了解自己的强项和弱点时最容易成功。因此，大多数恢复力建设项目都会在刚开始时首先通过测试来确定人们的性格特长。

但是，即便是那些感觉自己非常强大的人，也应该弄清楚一点：恢复力并非永恒不变的性格特质，巨大的变故也可能使得一个人原本比较强大的心理素质在将来某一天消失殆尽。恢复力在很大程度上取决于人们目前所处的情境，即便一个人做好了应对各种人际关系危机的准备，也并不意味着就能挺过去严重的交通事故而不留下任何心灵创伤。失去工作时能够耸耸肩一笑了之的人，也未必在被诊断患有某种慢性疾病时不被吓倒。

因此，关于如何才能保护这种心理的强大，并且尽可能不断地为之输入能量，心理学家们给出了许多建议。首当其冲的就是要面对挑战，而不是逃避它。因为只有当人们不断地从克服危机、战胜困难中积累经验，才能让恢复力得以成长壮大。毕竟恢复力不仅是一种性格特质，它同时还是一种应对困难的策略。这种策略需要人们不断地考验，反复地锤炼，并使之适应当前的情境，以便人们可以持续得到训练和完善，这样才能在面临前所未有的困难挑战时灵活应对。

但是，人们也不应该盲目地任凭所有挑战猛然袭来，而应该小心翼翼地对待自己的恢复力资源。任何人都不应该同时开辟若干巨大的建筑工地。如果刚刚克服了个人生活中的一个受压事件——比如离婚，那么最好不要在这个时候再让自己在职场中积压的冲突出现大爆发。过多的压力绝对会对恢复力造成威胁，因此要学会灵活应对职场和个人生活中出现的压力。要学习如何给自己一个暂停时间，如何更多地关注生活和环境，并让自己回忆曾经怎样愉快地偷过懒。

人是可以改变的

他怎么会又一次变得疯狂呢？就在一个月前刚经历分手时，他还下定决心，从现在开始，他要慢慢地、小心谨慎地对待新的关系。但是，现在他已经又一次被感情捕获。不管之前下过多大的决心，如今他再次陷入感情漩涡，而且同样在短暂激情过后又一次面临新的、严重的感情危机。为什么这样的事总是发生在他的身上呢？他的兄弟则截然不同，他宁愿失去和一位非常有魅力的女士再次相见的机会，也不愿意过快地和她在一起。

为什么是我？为什么只有我会这样？这样的问题不仅仅上面提及的两兄弟会遇到，它也会触及我们所有人的心灵。那么，问题出在哪里呢？为什么兄弟二人中，一个如此轻率，将感情视为儿戏，而另一个又如此保守，几乎找不到一个伴侣，自然也就不存在什么感情问题需要解决了。这其中有多少是命运使然？又有多少是两兄弟自身的因素？这是不是天生注定的，一个可爱的新生儿将来会成为冷酷无情的投资银行家，而另一个则会成为向世界贫困地区伸出援助之手的爱心人士？

这个"为什么"很可能是伴随我们所有人一生的问题。人们想知道，有哪些因素对于性格的养成很重要，这其中既包括期待拥有的好特质，也包括可能会令人碌碌无为乃至失败的性格弱点。尤其是当某些性格特质导致的行为模式会带来不幸或者不满的时候，这个问题就无疑会变得格外需要解决。那么接下来又会有另外一个问题浮现出来，这个问题就是人格心理学家们近些年来孜孜以求答案的课题：人到底能不能改变自己？

至少那两兄弟早在小时候就是如此了，几乎在刚出生时就已经显示出他俩的性格有多么不同。一个喜欢被拥抱和爱抚，另一个则总是很开心，哪怕是一个人躺在摇篮里，旁边没有人逗他玩。这种基本的人际关系需求很少随时间改变，即便长大成人以后通常也不会变。一个是外向的、主动的、热心的，另一个则更内向、退隐。"在很小的婴儿身上就已经能够看出这种巨大的性格差异。有的比较害羞和胆小，有的则情绪坚强稳定。"恢复力研究员卡尔纳·莱伯特女士也这样说。和大多数从事人类性格差异或者起因研究的专家一样，她也坚信："天生的本性特质的确存在。"

我们就是我们，人们可能这么认为。心理学家和精神病学家曾认为，在生命的早期，性格就已经决定了人格，而弗洛伊德关于幼儿阶段特别重要的论点又更加强化了这一点。因此，在现代基因研究处于初始阶段时，这种看法几乎坚不可摧。但是，人们渐渐地认识到，即使一个婴儿的气质和性格非常明显，而且他的本性或者说基本性格特质在成年后也相当稳定，也依然不能将一切只归因于他的遗传特征。基因只是提供了人们可以跳舞的舞台。

在年度聚会时，人们很少会被老同学的变化完全震惊。其原因也在于，一个年轻人的个性中掺杂了许多外在的因素。因此，即便父母和亲朋好友不断地将孩子定位成害羞胆怯或者善于交际的角色。当孩子长大后，他也会通过选择的职业和朋友圈继续装配着自己的世界，让自己的性格中受欢迎的部分保留下来。毕竟这也会让人有安全感，如果人们确信他们知道自己是谁，以及自己是什么样的人。

性格特征经常通过这种方式得以强化，聪明人大多会给自己寻找刺激,并以此挑战自己的精神能力,发展心理学家埃米·沃纳强调说。胆怯害羞的人不会主动去和别人交往,因此随着时间的推移,渐渐地就会变得非常害怕和陌生人打交道,而宁愿独自一个人待在家里。

那么,当一个人长大了,身上已经留下了基因、家庭环境以及学校教育等等痕迹和烙印,是否能够以此预测出其在某一特定情境中的反应呢?这一点不仅许多公司老板想知道,很可能每个人也都会对此感兴趣。因此早在几十年前,心理学家就已经开始开发种种测试方法来预测人们的反应。

这些测试最早是在第一次世界大战时应美国军队的委托开始的。当时,为了执行一些困难的任务,将军们希望能够尽可能地挑选出值得信赖的、几乎不会感到恐惧害怕的、心理状态强大稳定的士兵。但是,通过当时采取的方式并没有达到军队期待的可信度,依然继续出现机要保密人员心理状态不稳定,以及心理疾病患者却得到提拔等令人不快的意外事件。

于是渐渐地就开始出现了根本性质疑,怀疑人格测试究竟能否为人类提供值得信赖的预测。难道这种测试本身不就太容易受到受测者操纵么?毕竟他们知道要测的是什么。而且在上个世纪60年代和70年代,当时的主流研究人士提出质疑,到底有没有所谓强大的有抵抗力的人格特征。难道人类的行为不是在很大程度上取决于当时的情境吗?难道人类不都是自己所处的凡尘俗世的牺牲品么?难道不是只要所处的社会环境公平的话,每个人都能获得任何形式的发展么?

如今这个争论可以说已经不存在了,因为几乎没有一个专家还会怀疑，人的气质和性格在某种程度上是预设的，因此的确是可以预测人们在特定条件下可能会采取什么行动。事实上，无数的科学家也已经成功地开发出具有说服力的人格测试方法。

人格的五大特性

从本质上来说，人格可以被归纳为五大类，即"大五类人格特征"：开放性、尽责性、宜人性、外向性和神经质。

人格的这五大类特征决定了一个人的本质。确切地说，它们无关于受测者被测试时的问卷类型、统计方法和其来自的文化群体。这个大五类人格模型是美国心理学家保罗·格斯塔和罗伯特·麦克雷在20世纪80年代中期在一个名叫NEO-FFI的测试中提出的。其中NEO指的是大五类人格特征中的三个，即神经质（Neurotizismus）、外向性（Extraversion）和开放性（Offenheit），而FFI则是指"五因素模型（Five Factor Inventory）"，即对这五大人格因素的评述。

这五大类人格被视为是不太容易受到一个人的生活作风、行为举止影响的特征。就对人格特征的影响层面而言，环境和基因似乎可以五五开，其中开放性中，基因的影响占比最高，达57%；外向性中，遗传影响占比54%；尽责性中占49%；情绪稳定性中占比48%；宜人性中占比则是42%。

毫无疑问，如果让人们自我描述或者让他人描述的话，人们能想到的词语远不止这五个。但是，再深入思考一下，那个用来描述人类性格特征的巨大词汇库就会缩减为这五个本质特征了。因为，这确实是一条语言链，而且实际上大五人格模型最初就来源于此。早在上个世纪30年代，就有两位美国心理学家说，人类的性格特征是如此鲜明突出，而且对于一个社会是如此重要，因此在每种语言中都一定会出现相关的概念词汇。他们艰难地通过两本英语词典准确地找到了17953个描述人格的概念，并将这个巨大的词汇库缩减到了4504个形容词。后来又有一些心理学家继续推进这项缩减工程，并最终发现人们对别人的描述用词可以归结成五组。自20世纪90年代以来，"大五人格模型"在学术圈继续获得认可。这五大因素同样在德国被用来确定人格特征。关于这一点，心理学家阿洛伊斯·安格莱特和弗里茨·奥斯滕多夫可以证实，他们被视为德国大五人格模型研究领域的权威。

但是，即便是大五人格，也同样不能将人的余生定格成永恒不变的顽石。新的研究进展不断证实了一个早就存在的怀疑：人类的性格是如此易变，甚至就连退休的老人也仍然能够改变自我。就像根据查尔斯·狄更斯的作品改编的电影《圣诞颂歌》中的男主人公埃比尼泽·斯克鲁奇一样。"至少人格没有句点。"发展心理学家维尔纳·格里夫说。

几年前就已经有发现表明，人类的大脑绝对不像神经科学家长期以来以为的那样是静止不变的。以前人们认为，一旦长大成人，人的脑袋里就不会再有新的连接形成了。但是，这种观点早就不存在了。最新研究成果表明，人类神经元的可塑性会一直保持到高龄。如果一个人之前从来没有听过什么或者看过什么的话，那么他的大脑就不仅仅形成突触，甚至在遇到类似交通事故之类的紧急情况下，还会给整个脑部区域发出新的任务指令。

来自雷根斯堡大学的博格丹·德拉甘斯基和阿恩·梅在2006年进行过一次实验，实验显示了发生在大脑里的这种变化过程有多快，即便是成年人。这些神经学家多次通过核磁共振成像从医学院学生的大脑里观察到，当他们在准备考试的时候，会有大量的专业知识被印刻进大脑里。在几个月之内，学生大脑内的灰色团块急剧增长。

如果人的性格发生变化，那么大脑里的生物过程可能也是必要的。人格心理学家延斯·阿森多夫被公认为是德国研究人的本性发展的专业大家。"一个人的性格从30岁开始会变得比较稳定，"他说，"但是到50岁开始才会基本定型，而且这之后依然能够发生变化。"阿森多夫的这番话援引自两位美国心理学家布兰德·罗伯茨和温蒂·戴尔维吉奥的一篇研究报告。他们曾在2000年研读了超过150篇总数涉及35000人的调研报告中的相关资料，并得出如下结论：随着人生的进程，就连五大人格特征也会发生变化。三年后，这个结论又被一个涉及人数达13万人的调研报告再次证实。

然而，不同的人格特征又各有各的难以驾驭。一个人随着年龄增长，似乎变得更值得信赖了，也更和气了，但是对于新事物的开放性却减少了。但就神经质倾向——心理稳定性而言，则似乎经过几十年后非常牢固地渗入人的本性中。

这种人格的变化是否应该归因到环境和文化的影响呢？还是说与生物成熟度关系更大？大五人格模型创立者保罗·格斯塔和罗伯特·麦克雷相信是后者："也许这是在进化中发展形成的，因为这样可以使得抚育下一代变得容易点。"毕竟与只要照顾自己的人相比，那些想把孩子养大的人必须更值得信赖，也更少一点儿自我中心。因此，有些大五人格变化简直就是代表着一种长大成人的过程。而环境对于大五人格的影响却无论如何都无法观察到，格斯塔和麦克雷这么认为。但是，在猴子身上可以观察到类似的性格随着年龄变化的倾向。

那么也就是说，偏偏"神经质"或者说"情绪稳定性"是改变可能性最小的性格特质？这听起来岂不正好令人对心理治疗师的工作充满期待。但是，也许在这个评估上要有一点变化。因为一直以来，与大五人格中的"开放性"密切相关的理解力或者说智商总是被视为一种人格特质，而且伴随人的一生。科学家们曾经相信，人的智商不随年龄改变，如果一个孩子的智商已经高达 IQ140，那么也许等他长大成人以后再测也会达到类似的数值。

但是，这个信念倒塌了。IQ 至少到青春期依然可以发生明显的变化，这是凯西·布瑞斯领导下的英国神经学家团队在 2011 年发布的报告。他们测试了 33 名 12—16 岁青少年的 IQ，四年后又测试了一次，结果发现：一些受试者的 IQ 上升了 20，而另外一些则下降了。对于智商来说，偏差 20 是非常巨大的数值，因为智商的定义是将一般人的平均智商定为 100，低于 70 会被视为智障，高于 130 则是天才。

为了保险起见，英国研究人员又借助核磁共振成像检验了之前测出的智商。结果显示，那些 IQ 测试中在回答词汇或者单词释义方面速度加快了的受测者，其大脑中负责语言能力区域的灰质数量确实增多了。而那些在画图或者解决数学问题方面比四年前更好的受测者，则在大脑中负责非语言的区域出现增长。

"很显然，一个人的智商会在青少年时期出现提高或者降低。"

凯西·布瑞斯说。但是，这到底是什么造成的呢？也许只是因为有的孩子发育早，有的发育晚，布瑞斯说。谁的智商开发得晚，谁的成功也就会晚，这一点就跟锻炼身体的情况一样。至于成年人是否还能够在智商上有很大提高，对此布瑞斯迄今无法给予回答。

那么，总结一下就是：如果谁真正开始行动，那么他也就能够使自己的个性发生一些改变，即便是在很大的年龄。但是其前提条件是有巨大的动机，违背自我意愿的人格重塑是不可能的。对此，做父母的可谓再清楚不过了，如果他们想仅仅通过权威就让自己的孩子变得更可靠、更值得信赖或者更听话的话。通常情况下，必须通过一个危机或者很大的幸运事件，总之是某个特别重要的大事，才会促使人们走上新的道路，心理学家格里夫说。这个大事可能是离婚，可能是搬迁到另外一座城市，或者一次情感经历。"如果我们的动机改变了，那么我们自己也就会改变。"格里夫说。谁要是想终生保持自己的本色，那么他也可能就会失去改变的动力。有时，人们之所以不改变，只是因为对自己很满意而已。

"大五人格"

神经质

具有神经质特点的人被视为情绪不稳定型。他们经常会感到恐惧且持续时间较长,紧张不安、伤感、窘迫,没有安全感。总体上来说,他们过于担忧自己的健康,有幻觉倾向,在遇到困境时会很快出现受压反应或者说焦虑。

神经质特点较少的人则情绪趋向稳定、放松、满足、平静。他们很少会出现不舒服的感觉,但也不一定会经常出现积极的情绪。

外向性

外向性的人喜欢交际,开朗热情,乐观积极。在与别人打交道时,他们表现得很合群,喜欢说话且主动活跃。他们喜欢刺激冒险。

相反,内倾性或者说内向的人则更拘谨缄默,有时也有点儿矜持冷淡。他们更安静、独立,喜欢独处。

开放性

具有很高开放性的人喜欢积累经验,追求新的体验、变化和经历。他们常常很有智慧,富有想象力且情感丰富。他们求知欲很强,喜欢亲自尝试并且有许多兴趣。对他们的评价是独立、勇于尝试、喜欢创新,对社会规范也会进行探究。

不太具有开放性的人则更拘谨、传统、保守。他们不会过于关注自己的情感,他们现实、务实、客观,常常留在本地生活。

宜人性

具有很高宜人性的人常常具有社会化倾向。他们富有同情心,善解人意。他们信赖他人,团结合作。他们大多乐于助人,热心而谦和。

相反,宜人性较低的人则有自我中心倾向。他们对他人缺乏信任和理解,视之为竞争对手而非合作伙伴。他们往往不知多愁善感为何物。

尽责性

具有尽责性的人会认真规划自己的行为,目标明确,坚毅自律,富有成就。他为自己的行为负责,并且证明自己是值得信赖、遵纪守法的人。尽责性过强的人也可能会有些迂腐,拘泥细节。

尽责性较低的人则在处理事情时容易冲动,不够细心,粗枝大叶。他们更松散,并且情绪变化无常,也常常有点不修边幅。

恢复力形成于早期,但是成年后依然能够习得

在隆冬,我终于知道,我身上有一个不可战胜的夏天。

——阿尔贝·加缪

心灵恢复力大多形成于早期,谁要是在人生的头些年就获得了与此相关的性格特质和能力,那就真的要为此感恩了。感恩自己拥有劲头十足的行动力、乐观开朗的气质性格、富有安全感的人际关系网;感恩自己具有寻求帮助的能力,尤其是能够发现生活中存在的美好,以及在遭受打击时不会总是归咎于自我。

可是,如果一个人到了20岁、30岁或者更大的年龄才意识到,自己比别人更敏感,别人很容易经受住的事情自己却很难扛过去,那么也绝对可以强化自己的恢复力。即便过了30岁,也同样能够主动出击,努力让内心的恢复力蓬勃生长,而且在这方面,恢复力较弱的人甚至潜力更大。

因为,有恢复力的人不仅在心理上更稳定,而且在许多人格特点上也是如此。这一点已从对幼儿园孩子的调查中得到证明。其中有一份调研报告是让教育者对孩子们的性格和气质进行评估,在其四岁和六岁时各一次,到了10岁生日时则由孩子的父母来进行评价。结果显示这之间有着非常明确的关联性:那些被成年人归入有恢复力类别的孩子发生的改变特别小。"这很可能有多种原因。"卡

尔纳·莱伯特说。一则，恢复力和稳定坚强的人格简直可谓是同根同源。原本就是如此，在稳定的环境里成长的孩子也会有具有稳定的人格，因此也更容易发展出很高的恢复力。

但是，恢复力也可能会使人的性格特质长期保持稳定。因为坚强的孩子能够适应环境的变化，为自己找到与变化中的环境相适应的新的小环境，在其中他们感到很舒适并且受到保护。"具备恢复力的孩子能够更好地掌控自己的环境。"莱伯特说。比如，如果有一个受欢迎的女老师离开了幼儿园，那么具有恢复力的孩子就很容易和继任的老师创建新的关系。"具有恢复力的人就这样为自己创造稳定的环境，而这样又反过来有助于人格的稳定性。"最终具有恢复力的人就能比那些心理恢复力弱的人更好地应对失意、失败和危机。因此对他们而言，改变的动机就很小。

相反地，对于恢复力弱的人而言，找到一种新的方法来应对人生打击的困难和压力要大多了，他们的发展可能性也同样如此。"恢复力是可以后天习得的。"卡尔纳·莱伯特强调说。儿童和青少年心理学家乔治·考曼也赞同这种看法。尽管最好能在人生的头10年构建恢复力潜能，"但是原则上来说，无论是哪个年龄段的成年人都有能力来培养和强化自己的恢复力，"考曼强调说，"这时有一点很重要，那就是给自己找到具有恢复力的人做偶像，学习他们应对人生危机的方法。"

考曼认为，可以将具有恢复力的人比作一位拳击手，"他在比赛时倒在了地上，裁判开始数数，他站了起来，结果就彻底改变了战绩"。相反的是，没有恢复力的人则会一如既往，让自己再度被挫折击倒。"不具备恢复力的人犯了两个根本性错误，"考曼说，"他们抱怨悲惨的命运，而这只会让事情变得更糟糕。而且他们将全部注意力都放在问题及其形成上，从而加重了危机，但是对于怎样才能解决危机，他们却考虑得不够。"

一个巨大的心理实验

那么，人到底是怎么发生变化的呢？这种变化可以有多大？对此，科学家们耗费巨大的人力物力，终于有所发现。与此相关的规模最大的项目是由美国政府大力推进的。在美国那样一种人们不愿意显露弱点，而是总喜欢显示自己过得很好的文化环境中，政府对于如何获得心灵恢复力特别感兴趣。再加上过去几十年间，美国在全世界范围到处推动战争，使得饱受严重创伤的战争归来者的群体越来越大，这不仅对个人意味着痛苦，也令每年的治疗费用非常高昂。

无论是在越战，还是伊拉克或者阿富汗战争之后，许多从战场归来的老兵无法再应对日常生活。其中，在越战这个对美国士兵而言特别恐怖的战争的幸存者中，这个比例高达1/3。但是根据乔治·布鲁诺领导下的恢复力研究团队超过11年的追踪调查的结果，即便是在参加过伊拉克或者阿富汗战争的士兵中，也有大约17%的人饱受心灵创伤，尽管在这样的战争中几乎没有单打独斗，士兵只需要坐在装甲车里或者电脑旁，并且死亡数字极小。这些数据是非常值得信赖的，因为士兵在飞赴异国他乡之前就接受了心理检测。归国士兵中有近7%的人感到非常痛苦，甚至被诊断患上了创伤后应激障碍,在2010年就有10756名士兵罹患此病。

因此美国军方在2009年10月决定,要推动一项浩大的心理实验工程。他们拨款1.25亿美元,支持一个名为"综合性军人健康计划"(Comprehensive Soldier Fitness,简称CSF)的训练项目。共有超过100万士兵参与项目,希望以此摆脱心灵的创伤。军方不想放弃他们的战争,也希望士兵能在经过几个月持续不断的恐怖袭击和刺杀威胁的重压后安然归来,并且尽可能不留下心灵创伤。"我想创造这样一支军队,他们的心理和身体一样强壮有力,"时任美国军方总参谋长的四星上将乔治·凯西在该项目落成典礼上说,"而这把通往心理健康的钥匙就是恢复力。"因此从现在开始,在美国军队中要进行恢复力的训练和测试。

在所有这些项目背后站着的是马丁·塞利格曼。这位心理学家在上个世纪60年代通过对狗进行的实验发现并定义了"习得性无助"。他同时也是"积极心理学"的奠基人,于1998年就任美国心理学协会主席。他的就职演说曾震惊了学术界,因为他希望将心理学从一门研究疾病的科学变成一门研究健康的科学。

这位于1942年出生的心理学家在乐观主义中看到了开启心灵恢复力的钥匙。塞利格曼说,仅仅拥有开朗乐观、积极向上的基本态度还不足以创造出恢复力,但是那种不让自己被打倒击垮的信心超越其他一切性格特征,有助于锻造出一颗强大的心灵。在他的受试者中,正是那些乐观主义者没有在习得性无助的实验中放弃。

1975年,塞利格曼又和他的同事唐纳德·希若图一起将那个曾在狗身上进行过的习得性无助的实验推及到人类。但是,这两位科学家没有采取电休克法,而是一方面不断地要求受试者集中注意力,同时又用很大的噪声干扰他们。第一组受试者只要在一个按钮上按一下就能停止噪声,第二组受试者则不能。

在实验的第二天,所有受试者又被置于类似的情境中,同样有让人抓狂的噪声,这一次是所有人都可以让声音终止,只要将自己的手移动几厘米,在一个按钮上按一下即可。第一组人很快就发现了这一点,可是第二组中的大多数人却什么都没做。"他们变得被动了,不再尝试逃脱。"塞利格曼说。也就是说,他们出现了习得性无助。

但是,第二组中也并非所有人都一样。尽管在前一个实验中自己的尝试没有成功,但还是有大约 1/3 的人再一次进行了尝试,想看看这一次按按钮有没有用。塞利格曼对这些没有放弃的人最感兴趣。这种不知疲倦的努力中有什么非比寻常的东西呢?"答案就是乐观主义。"他说。具备这种不知疲倦的精神的人会将失败视为短暂的和可以改变的。他们会在自己的内心说这样的话:"这件事很快就会过去",或者"这只是出现了一点儿情况,我能做点儿什么去解决它"。这些人会将命运的打击归因于他人的行为,而不太会在自己身上找错误,而且他们坚信能够改变自己的处境。

从那时起,塞利格曼就定下目标,他要帮助这些无助者像乐观主义者一样看待问题。因为人们需要通过这种思维方式来构建危急情况下的心灵恢复力。谁能够接受自己的痛苦,但与此同时又坚信危机是短暂的,那么他就不会轻易出现应激障碍或者抑郁症,而是有勇气和力量让困境有所改变。

因此,在"综合性军人健康计划"项目框架下的美国大兵们每年都要在网上填写一份问卷表,内容是关于他们心理健康状况的。

他们要就105个问题给出自己的选项。"在充满不确定的时期，我总是期盼最好的事情发生"，这是其中的一个问题。另外一个则是："对于无能为力的事情，我不会耿耿于怀"。评估结果会显示出士兵的心理强度在哪些领域较高，在哪些地方则容易受伤害。这些测试结果是机密的，但要匿名接受总参谋部评估。

心理强度不够好的士兵可以接受专业帮助，或者参加根据塞利格曼相关要求所做的在线培训。其中一个主要的练习科目旨在唤醒士兵内心的乐观主义精神，被塞利格曼称为"发现好事情"。这一点儿都不难，塞利格曼建议说，可以每晚上床睡觉前记下当天发生的三件好事。

这样做绝对有用，士兵布瑞恩·亨克利证实道。这个年轻人曾参加过一场在阿富汗的海外战争，感觉在那儿糟透了，尤其是他和他的战友们都不受欢迎，村子里的小孩子会朝他们扔石头、吐口水。这个"发现好事情"的练习确实帮助了他。他曾这样对一位记者说："也有一些人会邀请你到他们家里去，还会端上面包和茶。这些人其实跟那些朝你扔石头或想炸死你的人的数量差不多。"

这个项目还有一部分目的是为了培训军队里的心理训练员，指导他们在工作时不要冲着已经疲惫不堪的士兵歇斯底里地吼叫，而是要向他们传递积极的世界观。应该告诉士兵们，所有人都是会受伤的，恐惧和悲伤是正常反应。他们也鼓励士兵坦诚说出自己的困难，这句座右铭叫作："生活中肯定会有不如意的日子，但是我可以用积极的方式来对待它。"军方希望能渐渐摆脱那种永不会动摇的无敌陆战队的幻象。

2011年12月，美国军方呈上了"综合性军人健康计划"项目的第一份报告。研究结果显示：经过对八个旅团（其中四个是参与了这个项目的）各数千名士兵的数据进行了评估比对，那些经过15个月培训的士兵在恢复力数值上远高于没有接受过培训的。士兵们在情绪和社交健全度上都有进步，并且在自我毁灭式灾难性思维上有所减少。"现在彻底有了科学依据可以证明，CSF改善了士兵的恢复力和心理健康。"以心理学家保罗·莱斯特为核心的报告作者们下了这个结论。

士兵们也很喜欢这个项目，这让它的首创者感到有点儿惊讶。因为军方的首脑们原本有些担心，那些"金刚铁汉"会把恢复力培训视为"娘娘腔""多愁善感"或者"心理废话"。事实上却绝非如此，参训者给这个短训班打出了4.9分的高分（满分5分）！其中一半人甚至说，这是军方举办过的培训中最棒的一个。

但是，来自外界的批评声却很大。道德心理学联盟[①]的罗伊·埃德尔森和斯蒂芬·索德茨在2012年5月曾指责说，这个心理健康计划项目只选取了普通参数，没有什么说服力。他们在前一年已经对这项军方计划公开提出批评，认为该计划不够科学。恰恰是那些与应激障碍、自杀倾向、抑郁症以及其他心理疾病相关的重要测量数据没有被可靠地抓取，尽管这个项目的主要目的正是要避免这些情况发生。因此并不能下结论说，这种心理介入是否真的有助于更好地克服诸如参战这样的高危情境。恢复力研究者乔治·布鲁诺也认为实在无法对此表示信任。"这些项目是为了让人们变得更快乐、更健康的，"他吐槽道，"而不是为了让人们做好心理准备去应对

---

① 成立于2006年，旨在宣扬和强调心理学实验中的基本道德和人道主义。

那些会令自己吓得屁滚尿流的高危情境，那些他们永生不想遇到的压力。"

在极度标准追求者看来，对恢复力培训的成果确实要更好地予以检查。对于没有直接参加过战争，只在日常生活中遇到过一些普通的惊吓和伤害的人而言，马丁·塞利格曼这类项目似乎能很好地帮助到他们。塞利格曼针对儿童和青少年的心理培训最受好评，他曾率领手下卡伦·莱维奇和简·吉勒姆一起，在宾夕法尼亚的中小学开展了针对恐惧和抑郁的培训项目——"宾夕法尼亚恢复力项目"（Penn Resiliency Program）。正如无数相关论文显示的，他们成功地唤醒了孩子们的乐观主义精神，参加者很少再出现恐惧和抑郁。后来，这个项目也在高校取得了成功。

孩子们应该认识到，"我们所有人大脑里的想法和感觉"并不总是现实的反映，哲学家和政治科学家艾米·查林说。她和同事一起创办了英国学校的恢复力项目。孩子们应该弄清楚，大脑里的想法是情感的反应，与此同时又在其中引发了自己的感情，它们大多很可能完全是由其他东西导致的。孩子们"被鼓励去认识负面的观点，并对这种消极看待问题的方式提出质疑"。不要认为"这种事总是会发生在我身上"，遇到失败后也可以说："我现在有点儿倒霉。"孩子们应该认识到，什么时候负面情绪会占优势，这时他们应该怎样打开保护伞。比如，他们要知道怎样加强自己的正面情绪。此外，他们还要学习如何才能放松，以及怎样和别人更好地相处。因此，恢复力培训也有助于"改善与同龄人及家庭成员的关系，提高学习成绩，并且让孩子对别的活动感兴趣"，艾米·查林总结道。

怎样强化性格优点

"强化优点！而不是弥补缺点！"——这是马丁·塞利格曼的信条。他通过一篇涉及577名受试者的论文证明这是可行的。心理学家们要求这些受试者在一个星期内每天晚上记下来当天发生的好的事情——和美国CSF计划中的部分环节类似，但其中一个测试小组只要在晚上简单地记下当天的行程，而不用刻意聚焦于积极开心的事。结果显示，那些被要求每天晚上记下好事情的受试者，在项目结束六个月以后依然保持着乐观的态度，并且很少出现抑郁症状。

第二个方法也同样显示非常有效，受试者被要求通过一张在线调查表了解自己的性格优点。在为期一周的时间内，他们要每天采取新的方式来强化其中一个优点。比如，一个具有慷慨大方优点的人可以拿掉某个陌生人车上的违章停车罚款单，换上一张已经过期的，来帮对方交罚款。而一个有创造性优点的人，可以在伴侣询问有什么吃的时候，通过表演哑剧的方式告诉对方。一个非常体谅宽容的人，也可以大度地原谅一个自己犯的错误。一个特别热爱生活的人，则可以通过一项特别疯狂的户外活动来展示自己的优点，或者再像小时候一样在床上蹦来蹦去。

威利鲍尔德·鲁西也在他的"苏黎世特长计划"（Zürcher Stärken Programm）中加入了这种训练。这位人格心理学教授按照塞利格曼模式开发了这个项目，并且同样在调研中加以测试。如果想了解自己的优点特长，可以去他的个人主页进行测试（www.

charakterstaerken.org）。

在其迄今为止最重要的相关论文中，可以看到这样的内容：让受试者给生命中一个重要的人写信致谢来强化感恩，或者通过让受试者注意日常生活中让自己感觉美好的事情来强化他们发现美的能力。这种美既可以是人也可以是物，也可以是特别的姿态或者动作。

"突显性格优点的训练会令人感觉幸福。"这是威利鲍尔德·鲁西得出的结论。在他的调研报告中也同样显示出，一个短期培训的效果可以持续六个月。但是，这也与人们要强化训练的性格优点类型有关。如果人们想要感受和继续发扬光大的是自己的好奇心、感恩心、乐观主义精神、幽默感或者热情，那么就会效果巨大。

通往恢复力的十大捷径

如今，美国心理学会甚至还将以塞利格曼项目为基础提出的十点计划作为"通往心灵恢复力之路"（Road to Resilience, http://www.apa.org/helpcenter/road-resilience.aspx）放到了网上。这十条通往心灵恢复力强化之路就是：

1. 构建社交网络

建立和家人、朋友以及他人的亲密关系很重要。从那些能令您有所改善的人那儿接受帮助和支持。同时，也在别人需要帮助时提供援助。热衷于参加活动小组、宗教组织或者政治团体的人也能从中获得力量。

2. 不要将危机视为无法解决的问题

即便发生了无法改变的不快事件,人们依然能够在如何看待以及应对危机上有努力空间。您可以想象一下,未来一切依然可以变好。挖空心思地想出方法,以便在下一次再遇到一些不快事件时能够做得更好。

3. 让自己接受,改变是生活的组成部分

在逆境中,有一些目标无法实现。要接受那些无法改变的情况,并将注意力集中在那些您能改变的事情上。

4. 努力实现目标

给自己设立一些能够实现的目标,而不是总去梦想那些无法实现的东西。开始付诸行动。定期做一些事,即便看起来仅仅是一件小事,它也会令您向目标迈进一小步。

5. 果断行动

尽一切可能保护自己抵抗逆境。不要将头埋进沙子里做鸵鸟,要充满希望,相信您的困难会很快过去。要掌握主动权,并且努力克服您的困难。

6. 发现自我

尽可能寻求途径认识自我。也许您会发现,逆境已经令您成长。

许多人都会在度过艰难的岁月之后，感觉自己在人际关系上更加紧密，并且变得更加坚强。即便感觉受伤，但也常常因此获得更多的自我价值感，更加尊重人生。

7. 积极看待自我

相信自己有能力解决问题，相信自己的本能直觉。

8. 注意观察未来

即便是在逆境中，也要努力从长远角度看待问题，并且从更宽阔的层面看事情。尽量实事求是，不要让事情扩大化。

9. 期待最好的事

努力保持乐观主义的态度。您有能力从积极的角度看待问题。您可以想象一下自己想要的是什么，而不是去思考自己害怕什么。

10. 关心自己

注意自己的需求和情感。做自己喜欢的和能让自己放松的事。定期运动。懂得关心照顾自己的人，不仅会身心强大，也更能应对困难情境。

或许也可以这么说：**更精神一点儿！** 无数的调研报告显示，如果人的信仰更高一点儿，就能更好地度过人生中的困难阶段。关键并不在于你是否信仰上帝、安拉、耶和华、佛陀或者其他众多神祇，您也根本不必有任何宗教信仰，或者皈依任何宗教组织。有些人相信，大自然就是那个守护着自己的力量，另外一些人在神秘组织中找到了幸福感，还有一些人则在某个政治流派中发现了生命的意义。这种在世界上隶属于某个团体或组织的归属感所产生的力量很可能有助于人们抵抗人生的打击。

当然，并不是说人们必须做到上面提及的全部十点才能成功获得恢复力。恢复力也包括选择对自己好的东西。"力量通常是一个由许多因素构成的组合体。"健康心理学家拉尔夫·施瓦策说。在他看来，最重要的是要构建一个社交网络并且保持它。"因此更好的做法是，不要让自己的日常生活总是充满冲突。"施瓦策说。此外他还建议，要经常尝试一些新的事物，"这样有助于增强自我效能感"。不一定非得是做什么复杂的事情，学做亚洲菜也是个不错的主意，或者反复练习，直到倒着开也能停车。

压力预防针

与他们的同学相比,这些来自美国明尼苏达州的青少年的人生享受要少得多。他们一边上高中,一边还得打工赚点儿零花钱,甚至有的还要帮助父母养家糊口。当他们的伙伴们在业余时间去进行体育锻炼,或者学习乐器,或者和朋友们一起玩耍时,这些来自贫困家庭的年轻人却得去小旅馆或加油站打工,等到上课时,他们常常都累得快睡着了。他们不仅无法从家里获得经济上的资助,而且在遇到青春期常见的各种烦恼时也无法得到任何鼓励和帮助。因此与那些家境好的同学相比,这些年轻人缺少自信,常常还有抑郁症状,受到的压力也更大。

然而十年以后,上述画面却发生了变化。作为刚成年的年轻人,那些曾饱受生存压力的青少年出现的抑郁情绪甚至少于来自优渥家庭的同学。"原本我们以为,在年少时就不得不为了生计忙着赚钱的年轻人的情况会随着时间推移越来越糟。"美国心理学家杰瑞米·斯塔夫和杰兰·莫提默说。因为,毕竟从教育学角度来看,当他们在小酒馆里跑堂维持生计时,别的同学却在参加各种有利于自身未来发展的活动。而且,那些不用打工的青少年也不会遇到那么多工作中的压力和令人不快的事,毕竟他们的成熟度还不足以应对这些挑战。

但是,当这些年轻人离开学校时,他们早年积攒的工作经验却变成了恢复力的源泉。他们就好似已经打了预防针,可以帮助他们抵御来自成人世界的压力。

这种打压力预防针的想法被不断地渗透进了恢复力的研究中。"适度的压力有助于促进恢复力。"心理学家尤莉亚·科姆-科恩说。但是，压力也不能太大。"如果令人不快的经历过多，就会令一个人压力过大，这不仅起不到打预防针的作用，反而会导致反面作用。"

实际上，这和真正的预防针原理很相似。医生通过适量的针剂引发疾病，以便身体能够先学会应对它，而不会立刻遭遇毁灭性打击。当某一天真的出现多种病毒感染的严重情况时，身体已经做好了应对准备。如果疫苗中的病毒和细菌过少，那就一点儿用也没有；如果过量，就会引发疾病。压力预防针的作用"似乎也是由此产生的：人们积累如何才能有效应对逆境的经验"，尤莉亚·科姆-科恩说。

目前，科学家们已经将这样的压力预防针运用到动物实验中。毕竟人们只能故意将动物置于不快的情境中，然后进行测试。而对于人类，研究人员能做的显然只有等待，看人生会怎样磨炼他们，或者追问他们过去的经历。以大卫·莱恩斯为核心的行为研究人员在实验中利用的是没有几个月大的小猴子，这样就不会再因为施加心理暴行而受到指责了。因此，这些猴子不断地被科学家们拿来做实验，被迫短暂地和自己的群体分开。

后来的结果显示出，实验对于猴宝宝的心理健康产生了影响，但其影响的方式却和充满同情心的人类最初想象的不同。当这些小动物一岁大的时候，那些曾在几个月大时因为被隔离而不得不独自应对外界环境的小猴子，明显不像那些一直受到母亲关心照顾的同伴那样胆小害怕。它们能更好地适应新的环境，吃起东西来总是津津有味的样子，而且研究人员在这些被注射过压力预防针的小猴子的唾液中发现的"压力荷尔蒙"数量明显较少。

不要逃避

在人类孩子身上出现的情况似乎也没有什么不同,尽管这一点调研起来不是非常容易。在这个领域有一个特别精彩的调研报告,同样是和领养有关的。由教育心理学家马克·范里津领导的团队对来自全世界各地被美国家庭领养的孩子进行了调研。他们将这些被领养的孩子的承压反应与那些和亲生父母一起生活的美国孩子进行了对比。被收养的孩子又分成两组,一组孩子曾在小时候持续受压,因为他们被收养前在孤儿院生活过很长一段时间;另外一组则是出生没多久就被领养了,最多只在孤儿院待过两个月。调研开始的时候,所有孩子都是10—12岁。

马克·范里津有了一个惊人的发现:这些孩子的命运可以从他们在受压情境中分泌的皮质醇数量反映出来。而且,那些刚出生不久就被领养的孩子的压力指数居然是所有孩子中最低的!在父母庇护下长大的美国孩子则和那些曾在孤儿院生活过很久的孩子一样容易受压。

正如调查问卷反映出的,在人生中经历一些逆境是有好处的,而且这显然也适用于成年人。也就是说,不完全一帆风顺的人要比生活得过于艰难或者过于容易的人心理健康状况更好。他们很少会出现应激障碍,不会很恐惧,对于自己的境况也更满意,心理学家马克·西里曾这样总结他的研究结果。"而且,那些曾经历过一些痛苦的人也很少会被当下遇到的压力击倒。"他说。

在人格心理学家延斯·阿森多夫看来，那句人们耳熟能详的名言"凡不能毁灭我的，必使我更强大"也越来越被研究证实。"别逃开，人必须要接受一下挑战"，就是这句话在实际生活中的写照。比如，如果有人害怕在陌生人面前说话，觉得整天待在办公室里例行公事很舒服，那么他就应该偶尔逼迫自己去参加一场报告会，阿森多夫建议道。在前一天准备报告的时候，可能会感觉后悔极了，直到这件大事开始前几分钟才会感觉好一点儿。可是，等到事情结束以后，并且得知一切都进行得很顺利，他的恢复力就得到了加强。

幸福的 U 曲线

当然，随着时间的推移，人生会给每个人准备好一系列的压力预防针，无论我们愿不愿意。因此，还有一个非常简单的方法能够强化人的心灵恢复力：只要等着长大变老就行。

当代关于幸福研究的调研报告为此提供了第一批证据。心理强度并不取决于幸福感，因为处于幸福情境中的人无疑更容易应对打击。但是，所有人都是在青年时期幸福感特别高，然后就开始持续下降。到了 40 多岁时，幸福感下降得越来越多，然后臭名昭著的中年危机就会闪亮登场。但是，希望犹在。因为大概在 50 岁左右度过人生低谷之后，大多数人的幸福感又开始持续上升，并且一直涨啊涨啊，直至生命的终点，正如神经学家塔利·萨洛特叙述的那样。"这一点在全世界都得到了证实，"她说，"从瑞士到厄瓜多尔，从罗马尼亚到中国。"区别仅仅在于,这个低潮什么时候来临。德国人大概平均在42.9岁,英国人早在35.8岁就开始进入情绪低谷,意大利人则相反,他们对人生一直很满意,直到64.2岁才会出现幸福感最低值——有些人可能压根就活不到这个年龄。

有许多数据可以证明幸福呈现U曲线。但是,其根源究竟在哪里呢?也许是因为人们在30—40岁时特别辛苦忙碌,既渴求事业有成,又要照顾幼小的孩子?"不是的,"萨洛特说,"并非这个原因。"因为,这种幸福呈现U曲线的现象同样适用于没有孩子的人。此外,它也与教育水平无关,与收入无关,与伴侣无关。"甚至在大猩猩身上也发现了这种情况。"灵长目动物研究员亚历山大·维斯补充道。

在不久前,维斯询问了多个动物园中共508只猴子的饲养员,问他们怎么评价饲养对象的幸福感。结果令人目瞪口呆:如果相信这些饲养员的描述的话,那么就连猴子也会出现中年危机。也就是说,也许这种发生在生命中段的心理低潮根本不是人类文明的产物,而是生物学原因,早在出生时就已经被铭刻在大脑结构中了。又或者可以直截了当地说,这种在经历低谷之后又开始重新上坡的现象与社会性学习有一点儿关系。

危机也能创造恢复力

埃米·沃纳很可能早就预测到了这一点。人生的转折点常常会令人获得所需要的坚强,这位心理学家说道。比如,按照沃纳在考爱岛调查的结果,初入职场可能就是一个这样的转折点。那些曾在学校持续遭遇困难的年轻人一旦得到一份工作,而且这份工作既令他们感兴趣,又能让他们发挥长处并得到认可,他们的形象便会突然在刹那间发生好的改变。即便是在成人世界里,这样的转变也一再出现。有时候,这种转变甚至是源自一个刚开始时并不令人愉快的诱因——比如失去一个工作岗位,但在这个岗位上获得的不愉快要超过得到的认可。

考爱岛的年轻人也曾有过类似的"顿悟",埃米·沃纳说。其中有几个是因为家人罹患致命疾病。"与死亡的邂逅迫使他们开始思考自己走过的人生和积极改变的可能性。"这位心理学家紧接着又说道:"危机创造恢复力。"

如今已经仙逝的瑞士伴侣及家庭治疗师罗斯玛丽·维尔特-恩德林也这么看。"有时候,恢复力只在非常大的危机中才显示出来,尽管人们总是在遇到小麻烦时发出抱怨。"这同样适用于伴侣,比如他们并肩作战来挽救自己的婚姻。"此前他们的恢复力在日常生活的湍流中下沉,或者令局外人无法踏进,"维尔特-恩德林说,"但是在危机中,他们有时能让那种原本已经无法再感知的能力重新复活,焕发生机。"

对于善于学习的人,他们在人生中遇到的危机会最终奉献出五彩缤纷的危机制胜法宝。"这与人们拥有的资源关系不大,"医疗卫生教育专家米歇尔·芬格勒说,"克服困难的能力更取决于人们如何运用自己的资源。"而这一点是可以习得的,比如定期回忆自己曾经怎样战胜过往人生中的低潮就很有助益。

社会性学习可能也是许多人不再把人生中的负面经历看得那么糟糕的原因——如果再次遇到的话。比如,和婚姻伴侣的分手。"离婚是人们可能经历的最大的高压事件之一，"发展心理学家麦克·鲁曼和米夏埃尔·艾德在自己的书中写道，"但是第二次离婚就不再像第一次那么让人感觉糟糕了。"人类显然习惯于重复离婚。这不一定是麻木不仁的缘故，也许相关者已经学会怎样以小的受压从这种困难的局面中解脱出来。他们知道，自己能够在将来某一天重新获得幸福，也许还会寻找到一位新的伴侣。

中年人的沉着冷静

几乎一直到生命的终点，恢复力都在往上走。"中年人能够更好地战胜困难。"恢复力研究专家乔治·布鲁诺说。刚开始听到这个观点可能令人感到吃惊，毕竟正如老年病学家乌苏拉·施陶丁格尔女士所说，从中年阶段开始，显然有"无数受发育限制的变化过程在缩减，身体机能在衰退"。因此长期以来，专家们一致以为，人在老年阶段的满意度、生活热情和心理强度可能都不会太好，因为在老年阶段，疾病总是变得越来越折磨人，而且业绩获取能力以及思维的灵活度都出现大幅度的衰退。但是事实上，直到生命终结的前几年为止，情况却与人们预想的相反：这个阶段的恢复力是增加的。

"在老年阶段，人们拥有一个更大的经验宝藏。"心理学家丹尼斯·格斯多夫说，而这有助于人们克服危机。"人们对自我的认识也更好，因此知道怎么才能结束困难局面。"格斯多夫如是说。毕竟这个年龄段的人早已在过往的人生中克服过一些危机了。

不过，似乎也并不仅仅与经验有关。"我们在老年阶段大多会变得更加平和，更加可靠，值得信赖，而且情绪上也更稳定。"乌苏拉·施陶丁格尔说。这主要是因为人们对社会的适应能力和调节能力会随着年龄的增长而自动提高，而这有助于构建稳定的社交网络和良好的人际关系，提高人们对于那些根本无法改变的事情的满意度。至于这种老年式平和究竟源自何方，虽然目前还不十分清楚，但是无论怎样已有大量实验证明其存在。

中年人对别人更加理解，对此发展心理学家乌特·昆茨曼曾通过一个实验予以证明。她给受试者放了一个很短的电影片段，影片中一对夫妻在吵架。结果发现这在中年观众中引起的激动情绪比年轻观众群体中明显少得多，他们的反应很镇静，而且对影片中吵得不可开交的一对表现出更多的同情。

老年人的这种不容易激动的性格特点很可能也会令其改变克服困难的方式。"老年人身上的恢复力越来越依赖于外界的资源，"乌苏拉·施陶丁格尔说，"问题可能很少会被完全解决，但是会变得有局限性并且可以接受。"这样的话可以减轻人的负担。因此可以说，沉着冷静在以一种非常特别的方式向那些已经经历了许多人间风雨的人们贡献着力量。

如何保持强大

人们是可以获得恢复力的,但问题是,人们也会随时失去它。甚至就连那些已经在许多情境中感受到自己内心强大的人也无法始终信赖它。"恢复力是一种非常动态的现象,既可能消失,也可能重新出现。"康复治疗教育家米歇尔·芬格勒说。即便是曾在人生道路上以坚定的步伐行走了数十年的人,也可能会在将来某一天被困境捕获。这可能是由于他的恢复力随着时间的推移,因遇到的种种困难变弱了,也可能是某种特殊的情境正好击中了他心灵中的易伤点或者说脆弱之处。

并不是说那些曾在一件事情上给予人们力量的性格特点或能力就一定会在以后的情况下同样发挥作用。"今天是保护因子的东西,明天也可能会变成危险因子。"社会学家布鲁诺·希尔德布兰特说。比如,在孩子小的时候,大家庭生活模式可能会给他们提供保护,但是也可能会阻碍他们彼此剥离,开始自己的人生。另外一个例子则是精神上的。"精神信仰可能对人生非常有助益,"心理学家弗里德里希·洛赛尔说,"但是也可能会令人在宗教中迷失自我。一切都是双面的。"单个的因素到底对心理有益还是有害,总是取决于时间和地点。恐惧胆怯原本并非会令人强大的性格特点,但是正如前文提及的,如果生活在充满暴力的家庭,胆小的孩子就不会像那些自信胆大的兄弟姐妹一样那么容易变成罪犯。他们的胆小谨慎保护了他们,令他们不会变得过于暴力。

"其实并不存在什么恢复力特质。"人格心理学家延斯·阿森多夫说。恢复力是由各种各样的人格特征及外在因素共同组成的，因此也不断受到别的东西影响。"人们必须承认，人是不可能在任何情况下都坚强的。"米歇尔·芬格勒也赞同这种观点。认识到自己的长处，并且知道应该谨防出现哪些情况，就可以有效保护自己，避免陷入持续的痛苦中，难以自拔。

此外，弗里德里希·洛赛尔还建议不要一下子对自己的长处施加过高的要求。"比如，你要考试的时候，就不要同时忙着搬家。"他说。这个至理名言就叫作：对自己有要求，但不要过分要求。"如果集中面对一个或两个挑战，人们就可以更好地利用自己的心灵资源，比同时有三四个工地一起开工要好得多。"

外部环境对于危机的破坏力有多大影响呢？这是精神病学家暨系统治疗专家乌尔斯·海普专注的课题。在过去这些年，他采访了许多在交通事故中受伤，却没有留下心灵创伤的人，想知道当事人究竟会怎样解释这件事。

比如有这样一个病人，他曾在30岁刚出头的时候因为醉酒而从站台上摔到了铁轨上——并非是为了自杀。尽管这个男人当时喝得很醉，意识上却完全清醒，因此他只能眼睁睁地看着火车向自己滚滚而来，却无法逃脱。他失去了一条腿，可是为什么这对于他的心灵而言却犹如打了一剂预防针呢？这个年轻人说，在出事的第一天，他的上司就去医院看望了他，并且承诺他一定会确保他重返工作岗位，无论他的康复期有多长。这给了他一种信赖和保障的感觉，而这种感觉又对他的康复治疗产生了积极的影响。

另外一个例子是一位有三个孩子的母亲，她把车子停在山坡上，却忘了拉手刹。当车子往下滑的时候，她试图制止，结果受了重伤。

但是，她的心灵依然保持健康。"是我自己的错，我不能把事故的责任推给任何人。"她解释说。她坚信，假如是因为别人忘记拉手刹造成自己受伤的话，她就可能需要更长时间才能康复。

乌尔斯·海普从他的病人们那儿听来的这个或那个故事形象地说明了，当事人自身看待问题的方式对于克服困难有着十分巨大的影响。海普提及由苏黎世大学的乌尔里希·施耐德领导下的精神病学家们的一篇论文，这篇论文也有力地证明了这一点。依据该论文，病人在遭遇事故后所需的康复时间主要取决于当事人对于事故严重性的主观评价，而这个评价与事实状况几乎没有关系。

因此，即便对于强者而言，也同样需要继续强化自己的长处。"我必须努力根据情境来调整我的恢复力。"社会学家卡尔纳·莱伯特女士说。弗里德里希·洛赛尔也建议人们要随机应变地去适应环境。"给自己树立目标，但是不要让目标成为必须完成的事。"目标是美妙的，它可以强化自信心和自我效能感。"但是也不能因此让自己持续处于受压状态，"洛赛尔警告说，"如果不能达到预期目标，就要重新设立。"

保持灵活性！

"保持灵活性"也是美国心理学会（APA）的一个重要提示。"保持恢复力意味着即便在人生困境中，也要保持灵活度和平衡。"APA提出。可以通过下列方式：

1. 要允许强烈的情绪。但如果没有好办法的话，也要接受事实。有时候必须忽视自己的情感，以便人生能够继续下去。

2. 积极面对问题，并将挑战视为日常生活的组成部分。但是偶尔也要喊停，以便能够休养生息，重新获取力量。

3. 多花点儿时间和你爱的人们相处。每个人都需要支持和鼓励，但这个鼓励也要给予自己。

4. 相信他人，同时也相信你自己。

"我的压力好大！"
——自我造成的脆弱

压力可以作为预防针防止崩溃，但它也可以摧毁一切。要起到预防的作用，就需要正确的剂量，所有的预防针都是如此。与此同理，在需要的时候要及时踩下刹车。德国精神病学和心理治疗协会、心身医学和神经病学协会都一致提出类似警告。如果"一个人将工作看得过于重要，视其为自我实现、自我证明，并且对业绩充满期待的话，那么患上心身耗竭综合征的风险就会变得极大"。工作时间会越来越长，家庭和业余休闲会遭到忽视。随着工作的进程，最终陷入心理危机的风险会大大增加。因此，"管理压力和增强内心资源变得越来越重要了"。

来自德国马尔堡 GKM 健康心理学研究所的心理学家格尔特·卡鲁扎也支持这一观点。他已经从事压力克服这个课题研究多年，开设了强化训练班并出版了许多专业书籍。下面是对他的一次采访：

很难在电话上联系到您，您的工作似乎也并非没有压力？
是的，我很忙，毕竟有那么多当事人。

真的是像人们通常所说的那样，人类的生活压力越来越大么？
对于这一点，我本人并不是非常确定，毕竟在德国 30 年战争时期的生活也并不比现在舒服。但是如果从调查问卷的结果来看，当今这个时代的人们的确压力很大，而且从我自身来说，也是压力越来越大。

如果您已经感受到这么多压力，而且也深知其危害，那为什么您还不早早地结束工作，跑到海边沙滩吊床上躺着休息呢？

在吊床上过日子并不是我的目标，沿着能量零轴线过着毫无挑战的人生也不是我喜欢的生活方式。重要的是，要健康合理地运用自己的能量，但是在这方面却又没有什么专家标准处方。

为什么没有呢？毕竟压力是一种生物学现象。

这个说法没错。但是压力对于人们的作用方式区别很大，是一种非常主观的感受。只有当一个人处于一个对自己而言似乎很重要的情境时，他身上的这种生物学压力程序才会启动，而这总是与个人的理想和动机有关。与此同时，人们对待压力的方式又非常个性化，每个人都必须找到自己的应对方式，因此无法给出标准的专家处方。

人们必须学习应对压力么？要是可能的话，我宁愿完全消除它。

压力本身并不是坏事。我们需要压力，以便变得更好，学习新的东西，并且取得成功。这非常符合我们的身体要求。我们的生物学压力程序是获得成功和满意的重要催化剂，因此我建议每个人都要首先做一个全面的总结分析。

关于哪些方面呢？

首先要自我观察，在自己的人生中有压力阶段和无压力阶段各占多大份额。这样做的目的是在压力和放松之间找到动态平衡。挑战、投入战斗、拼搏事业阶段必须与疏离、放松、休息阶段相互交替，这才是生机勃勃的人生！即便是在竞技运动中也是如此，运动员们需要在下雨天时进行复原再生。国家足球队的教练也会有针对性地将这样的阶段纳入计划中，在大型比赛的前一天中午只进行少量的热身训练，下午则让球员休息。

怎样才能察觉到这种人生平衡快要被打破了呢？工作多的人，常常是因为自己喜欢干。

刚开始的时候还会因为业绩突出而受到表扬，与那些准时下班的同事相比，干得更多，或许在公司也更有声望。但是不知从什么时候开始，注意力就会变差，会犯些愚蠢的错误，这就是第一个警告信号。刚开始时根本不是什么严重的事，只是诸如在电子邮件上把会议时间写错，或者忘记回复邮件之类的小事，许多人还会因此开始花更多更长时间工作。

这是否就是人们常说的心身耗竭综合征开始粉墨登场了？

是的。渐渐地，这些人开始需要服用药物，比如兴奋剂之类，以便能够坚持下去。当事人常常错误地以为，职场压力是无法减少的。他们会努力继续提高自己的承压能力，直到无以为继。大多数这样的人都是在完全垮掉之后才开始寻求帮助的。

是否有些性格类型是天生注定会出现心身耗竭的？

这很难说。有些性格特质肯定会增加这种风险，而且还通常是一些在我们这个社会受到高度评价的个性，比如对事业成就有追求、热爱工作、乐于助人，等等。

可是这些特点并不是人们愿意完全改变的呀。

这些性格特质也并不需要改变，关键在于懂得适时"休闲"。这一点人们必须重新学习。

终于可以什么都不做了——这个对某些人特别有诱惑力的东西，对另外一些人而言却是非常恐怖的事。

是的，许多人都感觉很难做到无所事事。于每个人而言，休息方式并非完全相同。对于整天坐在电脑前工作以及阅读很多书的人来说，也许躺在沙滩躺椅上看书就恰好是错误的做法。同样，对于那些整天忙着开会，还要在一周结束的时候自我反省到底做些了什么的人而言，可能在庭院里干干活或者做做家务是更好的做法。如果能够成功地做好与自己的日常工作相反的事，就非常有利于人们创造出新的力量。

充分休息之后就可以重新真正投入工作中？

当然。如果在疲劳和放松之间存在平衡，那么也就意味着，人生中可以有一半是困难的、辛苦的或者复杂的。只不过不应该过分承压，无论如何不能摧毁心灵的平静和健康。

压力并不等于焦虑。有些人感觉这样挺好，有些人却觉得特别

不舒服。那么人们必须把压力也纳入到自己的平衡中吗？

这个问题是关于，是否存在外在的因素造成我们紧张焦虑，而且我们能对此做出一些改变。如果存在这样的外在因素，那么我正好可以从中学习设立界限，并且也说一回不。这是很好的自我管理。

那么，对于那些自己不喜欢但又无法改变的东西该怎么办呢？

如果遇到以一己之力无法撼动的事，就要设法换一种态度来看待它，以免自己过度受压。我们称之为精神压力对策。应该培养一种有益的态度：接受现实。重要的是认识到，哪儿值得抗争，哪儿则最好节约资源。这样的话，人们也就更容易接受和克服无法避免的事。许多人由于自己的完美主义而承压，他们应该学习告诉自己：不必总是去迎合所有人。

有时候不一定是压力，只不过是要完成的工作实在太多了。

这时，人们首先要弄清楚自己的着重点，因为无论如何都不可能同时去做所有事。什么是真正重要的？人们必须回答这个问题，然后一步一步地去削减工作，不要感到良心不安。因此，在工作量过大的时候制定规划常常会作用巨大。有时候简单的方法却很有用，比如只要看看今天必须完成的任务有哪些，至于其他一大堆没完成的任务，就先放到一边等着，只列出第二天必须做的事。但是对于目前亟须解决、不能拖延的事，就必须抓紧去做，否则最后压力就会变得越来越大，因为这样可能造成约定的事被耽搁，干扰别人的工作，或者使得整个事情变得乱七八糟。设立界限是很重要的，而在这个选择非常多元化的社会，我们更是需要学习说不，包括对我们自己：签这个最便宜的手机合约对我到底有多重要？每个月多花5欧元或是少花5欧元也许根本无所谓，我不想再去为这样的小事操心。

压力来自何方？

对于这个人来说，情感上的事可能会令其堕入深渊；对那个人而言，工作业绩受到同事质疑会感到很受伤；第三个人的弱点则是想家。在西方文化中存在一个量表，是专门用来量化人们通常是怎样看待生活中出现的各种各样的事情的。

美国精神病学家托马斯·霍姆斯和理查德·拉赫早在40年前就开发了一张刻度表，上面列举了43项容易引起人们情绪变化的事件。这两位科学家随后询问了大约5000名病人，在过去几个月他们的生活中发生了哪些重要的事件，以及这些事件与被询问者病情之间的关联性。

由此形成的"社会再适应评价量表"（Social Readjustment Rating Scale，也叫作"霍姆斯和拉赫压力量表"）可以帮助评估这些压力事件对于健康的影响。霍姆斯和拉赫将所有事件的压力值设为0至100。这张量表既适用于美国不同种族的人，也适用于其他文化群体的人，比如马来西亚或者日本，这一点早就已经得到其他科学家的证实。

要注意的是，其中罗列的既有通常认为的负面事件，也有正面的。按照精神病学家们的观点，如果一个事件造成人生许多领域都不得不适应新的情况,其压力度就更高。

序号	生活事件	压力值
1	配偶死亡	100
2	离婚	73
3	分居	65
4	监禁	63
5	亲密的家庭成员死亡	63
6	自己受伤或生病	53
7	结婚	50
8	被解雇	47
9	与配偶重修旧好	45
10	退休	45
11	家庭成员健康状况改变	44
12	怀孕	40
13	性生活障碍	39
14	家庭增加新成员	39
15	职务调整	39
16	收支状况的改变	38
17	亲密朋友死亡	37
18	改行	36
19	与配偶争吵次数改变	35
20	大额抵押贷款	31
21	丧失抵押品赎回权或借出的贵重财物不能收回	30
22	工作职责变化	29
23	子女离开家庭	29
24	姻亲间纠纷	29
25	突出的个人成就	28
26	配偶开始或停止工作	26
27	学业的开始或结束	26
28	生活条件的改变	25
29	个人习惯的改变	24
30	和上司关系不好	23
31	工作时间或工作条件的改变	20

32	搬家	20
33	转校	20
34	消遣娱乐方式的改变	19
35	教区活动的改变	19
36	社交活动的改变	18
37	小额抵押贷款或者债务	17
38	睡眠习惯的改变	16
39	家庭团聚次数的改变	15
40	饮食习惯的改变	15
41	度假	13
42	过圣诞节	12
43	轻微犯法	11

注意力小训练

温暖的水在晚霞中发出点点亮光,温柔地从指间流过,诱人的泡沫在水波间摇来荡去。

奥格斯堡的安德里亚·沃伊特女士正在享受的并非海边的美丽夜色,而是洗碗。她正在用手清洗那些无法放到洗碗机里的餐具,以前她特别痛恨不得不用手去洗那些易碎的娇贵餐具,还有那些沾满了食物残渣的锅,或者不适合机洗的昂贵刀具。

即便是现在,安德里亚·沃伊特也仍然不会把洗碗当作自己的爱好,但她会重视这件事,不再想着尽量快速地做完它。她非常专注地把餐具一个一个地拿过来,毫无怨念地把它们清洗干净,并且努力发现其间蕴含的美好:这些冰冷的钢制品仿佛在洗热水澡,而冲完泡沫后的锅具又重新变得闪闪发光。

乌尔丽克·安德森-奥伊斯特或许会说,这是因为安德里亚·沃伊特女士改变了对洗碗的态度。这位心身医学专家致力于帮助人们以全新的角度看待生活。她在培训他们的注意力——按照一个克服压力的项目模式,这个模式名为"正念减压疗法"(Mindfulness-Based Stress Reduction),是美国分子生物学家暨医生乔恩·卡巴-金博士于1979年创建的。

也就是说,这么做既是为了减少压力,也是为了更多地感受生活。"注意力集中的人可以更多地感受生活。"这位精神病学家说。通过练习,可以让人们将注意力更集中于眼下正在做的事情,尽可能更加仔细地观察周围的环境和自己的内心,而不是简单地将事情归类为好或者不好。这样的话，令人不快的事常常会变得不再那么难以忍受，因为这种注意力训练有助于减少价值评估，而只是接受生活本来的样子。

"我们传播许多理念，"安德森-奥伊斯特说，"包括负面的，比如'现在我又得去倒垃圾了'！"但是，如果慢慢去体会，这种对于倒垃圾和晒衣服等琐事的负面看法也可以变得积极正面。因为，实际上倒垃圾根本不是多么糟糕的事，只要拎着垃圾桶下楼一趟就行了。"而如果人们在晾晒衣服的时候，有意识地认认真真把每件衣服拿起来，把皱的地方轻轻抚平，然后仔细地晾到绳子上，那么就会出现一种令人感觉很好的平静。"心理学家斯特凡·施密特说。

当施密特先生建议他的病人尝试冥想时，许多人首先露出的是诧异的眼神。但对这位心理学家而言，这可并非20世纪60年代末披头士们在印度学习冥想术时所以为的什么秘宗、大师或者致幻剂。施密特在弗莱堡大学附属医院主持的一个重点研究项目就叫作"冥想、注意力和神经心理学"。他关注的是健康，而隶属于冥想范畴的注意力训练确实有助于健康，这一点已经在全世界范围的研究报告中得以证实。

早在20世纪70年代初期，哈佛大学的研究人员就已经发现，冥想不仅可以令人的身体和心灵放松，而且还能测量出练习者的血压和耗氧降低了。通过这种方式，冥想可以保护人们因为压力过大而致病，乔恩·卡巴-金博士说。后来他开始设计借助注意力减压的项目，如今以此为基础的培训项目已经可以让人在八周的时间掌握。

卡巴-金博士的著作《通过冥想获得健康》如今已经成为业界传奇了。按照他的理念，这种冥想术不仅有助于健康，还能同时治疗无数疾病，尤其是饮食障碍、上瘾、慢性疼痛以及抑郁症。德国精神病学和心理治疗协会、心身治疗协会等机构也指出，针对心身耗竭综合征，迄今为止仅有少量的"预防措施被证明有效"。但是，这种以注意力为基础的压力管理项目却是个例外。

有一件事是我们这个时代的人几乎都做得太多了，尤其是抑郁症患者更是如此，那就是：总是在思考自我。"人们从一个地方到另外一个地方去，而在这之间的所有时间，他们通常都被自己的感官所俘，"安德森-奥伊斯特说，"其实我们完全可以毫无负担地从这个思考的怪圈中跳出来。"

尽管在冥想术研究初期欠缺的医学作用证明如今已经得到确认，在顿悟之路上向前迈出了一步，但也不必因此就跑到中国西藏去当喇嘛，身着红色袈裟四处漫游，以便获得冥想之果。正如斯特凡·施密特希望向他的病人们传授的，注意力训练不仅有助于获得冥想的好处，它还丰富了每一个修习者的内心——无论是有病的人还是健康的人，都完全可以通过注意力练习来使自己沉着冷静，获得良好的情绪。

如果有人依然不愿进行冥想，也可以仅仅安静地坐上几分钟，这也可以算作日常生活中的注意力训练。这种做法是为了"接受事情"，而不是视之为厌烦的事并试图逃避，因此可以减少痛苦。比如，让人头疼的报税手续也可以同样对待，只要将花花绿绿的发票分类，然后将数字填到税务部门的灰绿色表格里就行了。在做所有这些事时，应该尽可能有意识地将注意力放到呼吸上。因为有意识地呼吸是注意力训练的基础，而呼吸练习可以随时随地进行，在阅读这本关于恢复力的书籍就可以。

不仅是处理这些令人不快的任务会令人在注意力方面取得正面效果，还有许多其他方法。比如，去上班的路上不要考虑时间压力，而是去感受迎面吹来的风，倾听小鸟的歌唱，或者惊奇地打量路上遇到的形形色色的人及其千姿百态的服饰风格，这样就已经可以从生活中获得更多了。遇到乱超车的人时不是生气地怒骂其为流氓无赖，而是饶有兴趣地确认自己心中果然正有一股怒气冉冉升起，并且自问这样生气是不是值得，是否只会留给自己负面情绪。也许对方并非什么自私自利的讨厌鬼，只不过是因为心里有什么烦恼的事而疏忽了规则。用这样的方式看待事情，不仅可以令日常生活变得更轻松，也可以让自己的人生变得更加舒适愉快。

"注意力有助于人们学习更好地应对人生困境，"斯特凡·施密特总结道，"无论一个人遇到的是什么样的逆境。按照注意力教义，一位令人不快的上司和患上一种癌症的挑战非常相似。"关键问题是：我应该怎样应对？是以一种会令我更加痛苦的方式作出反应吗？我怎样才能用积极正向的态度克服它？

原则上来说，每个人每天都可以做这样的练习，但是专业人士认为，如果没有专业的指导或者有经验的团队支持，就会比较困难。"人们可以借助于冥想术来学习让注意力保持稳定，"施密特说，"否则的话很容易出现偏离。"

每个人都不缺乏注意力，注意力训练的目的是为了更好地开发这种能力，以便能够在日常生活中加以利用。比如，当我们被陌生国度令人震撼的景色深深感动时，我们会用全身心去感受它。当一个孩子非常信赖地偎依在我们的怀抱中时,我们可以全身心地享受这一刻。"这样的人生体验并不需要什么强烈的刺激就能获得。"安德森-奥伊斯特说。

"断电"指南

科技发展令生活变得更容易。我们如今得到电影院节目表、电话号码或者现金的速度都比以前快得多；关于合作伙伴的信息和重要产品的细节都可以通过互联网瞬间找到；也不需要再去绞尽脑汁地草拟内容繁琐、形式完美、礼节周全的商业信函，只需要在电子邮件中敲上一些友好的，而且保证合乎正字法要求的句子就行了。然而，今天的人们却总是抱怨工作压力比以前大，显然我们并没有能够利用科技创造出更多的自由空间和时间。科技仅仅帮助我们完成更多的工作，而我们为此花费的时间总量甚至比以前还要多。

现代的员工有着自我剥削的倾向，毕竟借助互联网和智能手机就可以让人随时随地完成工作。有时候这样的确令人感觉很方便，就算在下班前没能完成所有重要的事情，反正等到了家还能赶紧订张机票，或者回复一封已经拖了很久的咨询邮件。这些在最初的确会给人带来一种很好的感觉。

但是，停止！

即便这样的事情只占了人们几分钟休息时间，但是这种在业余时间和休假时还要无休止工作的做法对于必要的休息而言却是一种粗暴的侵袭！真正的休息感觉要在两个星期以后才会出现，压力研究人员说道。

也许今天有必要再一次极其明确地对那些无处不在的、永远可以联系上的智能手机用户说：

休闲是必须的！

休闲是必须的，因为一个人如果没有休养生息的时间，就会生病。休闲是必须的，因为它是新点子的源泉，是解决问题的特别通道，是我们创造潜力的来源。没有一定的距离，没有中断停止，我们就无法以新的目光看待老的挑战。没有闲情逸致，我们就会滞留在习惯的小径上裹足不前，用一成不变的方式解决问题。

即便是那些永远能量充足、浑身是劲的人，那些总是无视自己当前心理健康状态的人——因为他们认为反正自己的健康资本永远充足雄厚——也要弄清楚：大脑需要休息，只有这样才能清理负荷，重新腾出空间接纳新事物。创造力的空间只有通过无所事事才能产生。

谁要是担忧自己的生产力会因此降低，可以马上通过一个研究成果来获得安慰：那些在晚上真正切断电源的人，第二天会工作得更好。关于这一点，心理学家萨宾娜·索嫩塔克在前不久又提供了新的论据。"越能在思想上脱离工作的员工，就会休息得越好，在第二天早晨也就越不会出现敏感、易激动的情绪。"索嫩塔克说。同样的，那些在周末时真正好好度过业余时光的员工，也会以更大的干劲和热情开始新的一周。他们工作独立且有责任心，也更容易掌握新项目的主动权。"实践证明，能够在业余时间中让思想脱离工作的人，对自己的人生更满意，心理负荷更少，对工作却更有责任心。"索嫩塔克说。

甚至有些雇主也认识到这一点了。戴姆勒公司的员工能够自动删除所有那些在休假时收到的工作方面的电子邮件。邮件的发件人会被告知收件人正在休假，他们得向其他人求助。如果他们真的需要的话，也可以在收件人休假结束后再联系。但是在大多数情况下，在休假结束前事情都已经解决了，戴姆勒的员工也就完全不必为此感到内疚了。

但是，因为许多员工在业余时间根本不想也不能抛开自己的电子邮件，有的大公司甚至还决定采取一种一刀切的武断措施：在18点15分之后干脆不再往员工的智能手机上传邮件，以便他们能在晚上放空大脑，为第二天的工作充电。在互联网时代，想断电就需要断"电"，想让大脑休息就要切断接收电子邮件的智能手机的电源。

睡眠作为休闲的最重要方式，不仅攸关我们的生命，也是学习的基础，这一点早就得以证实了。"睡眠过少会令人生病、长胖以及变蠢。"雷根斯堡睡眠研究员约尔根·祖雷总结道。人的大脑在睡眠中特别具有创造力，它会对白天发生的事情进行加工，重新分类，存储其中重要的部分，删除不重要的部分，甚至还会继续学习。关于这一点，哈佛大学研究员罗伯特·史迪高特早在1999年就已经通过轰动一时的实验证明了。他让学生们在电脑前坐45分钟，玩一个虚拟现实迷宫的游戏。科学家将一个特定的对象设为终点，让学生们记住，然后让他们从迷宫里随意的点出发，找到返回终点的途径。做完游戏之后，学生们被分为两组，一半人去睡觉，一半人则留下看录像。科学家用脑电图探测了睡觉组的大脑活动，之后在中途叫醒他们一次，问梦到了什么，或者在他们睡完午觉之后问他们做梦的情况。结果不出意料，在第二次测试中，睡觉组比不睡觉组更快地找到了特定目标。

但是，即便是白天也应该给予大脑一点放空的时间，在工作中间抽空休息和晚上不被打扰以及夜里好好睡觉一样重要。如果自己在白天不时需要好好吹吹风、从窗口眺望远方或者发上一会儿呆的话，任何人都不必因此感到良心不安。而且即便在这样的时刻，大脑也在清理空间，猛烈摇动其中累积的信息，并进行有效的重新分类。

灵机一动、"啊哈！"，以及"我知道了！"——所有这些突然顿悟，我们每个人都曾遇到过。在什么时候呢？正是在我们停止紧皱眉头、绞尽脑汁地寻找答案的时候。当我们停止冥思苦想的时候，当我们放松自我的时候，最好的点子就会横空出世。就好像我们的大脑中有一种神奇的魔力，让我们知道的所有一切都在那儿蜿蜒流动，直至答案出现。不同的想法和记忆会在这个过程中彼此重叠碰撞，突然形成全新的看法、点子和结论。"先让自己有意识地对论据进行理智的分析，但是不要急着做决定。然后放开它，去睡一觉。您大脑内部的意识、直觉网络就会替您完成工作。"大脑研究员格哈德·罗斯曾这样建议。

许多革新发明，比如易贴纸、特氟龙等等，都是源于对于早已司空见惯的事物进行全新角度的观察。美国社会学家罗伯特·默顿是第一个认识到这个法则的人，他将其称为"意外巧获"（serendipity）。其核心本质是"偶然优待一个有准备的头脑"，也就是说，意外经常发生，但是只有当人们让它自然地发生，并且真正知道如何阐明它，它才会变成新事物。

下面这个"空白"就提供了机会，让我们得以悠闲地好好放松一下：

"叮!"

但是,如果才过了一分钟就听到"叮"响了一声,提示收到新的邮件了,到底怎样才能做到在一段时间内什么也不想呢?

把声音关掉。我们自己主动地不断检查邮箱是否有新的邮件已经够糟糕的了,它破坏了我们的注意力和工作能力。可是"叮"声却实际上在强迫我们这样做。即便人们下定决心,从现在开始不再去检查邮箱,可是听到这个声音还是会让我们正在想的事脱轨。科学家们发现,人们在阅读完一份邮件后需要几分钟才能将注意力重新集中到刚刚做的事情上。其实,这种不断地分心正是损害我们创造力和生产力的毒品。

假如法国数学家和哲学家布莱士·帕斯卡还活着的话,他会怎么想我们呢?早在17世纪,他就在其著作《思想录》中写道:"人类的一切不幸均源于无法安静地独处一室。"而我们原本可以在这个房间里得到全世界。

我们的日常生活被没完没了的电子邮件和电话撕成了碎片,对于今天的人们而言,能够真正不被打扰地工作一两个小时简直成了奢侈的事情。退出邮箱,这是一件人们应该赏赐自己的奢侈品。每天在固定时间检查一下自己的电子邮箱三四次够不够?以前的人们难道每过两分钟就会跑出去看信箱吗?如果邮差不是集中送信,而是每到一封信就来敲一次门或者按一次门铃的话,人们是否还会视其为高兴的事?

刚开始时,在工作时脱离网络会令人感到非常困难,毕竟我们早已习惯了不断将注意力集中到电子邮件上，我们不断兴趣盎然地满足我们对于别人发给我们的东西的好奇心。很快溜一眼邮箱——这种事颇有诱惑力，因为几乎总是能从中发现一些有趣的事可以阅读，它满足了每个人内心对于新闻消息、通知和联络的欲望。只要不是群发邮件，邮件总是意味着人们得到了要求、注意力和馈赠，这似乎让人觉得自己有点儿重要。而且这毕竟也是一种很好的感觉，能够马上完成点什么，能够不错过什么，以及总是保持活力和积极性。

但是，即便刚开始感觉是错误的、滑稽的、痛苦的，或者令人烦躁不安，只要能够习惯不再带着手机散步，能够在聚精会神工作的时候关掉邮箱，就一定会收获良多。

因为这样的事在刚开始时如此艰难，甚至有的软件生产商已经开发出了工具。比如，MacFreedom 软件可以在预设时间之前断开网络连接，如果想要在这个时间点之前连接网络，就要重新启动。这样的电脑程序可以很有效地用来给自己创造机会，重新感受不受干扰的工作有多么美妙。

在过去这些年，已经有无数勇士讲述了自己的"断电"故事。几乎所有人都在刚开始时感觉不太好，但是会慢慢变好的。因为人们又能够重新感受那些非常棒的事情，而对此人们原来根本没有意识到其存在而且还那么美好，比如自己的呼吸。就是那种感觉：人们拥有的不再只是一个脑袋，而是活着。

附 录

致　谢

我感谢我的代理人米歇尔·盖博先生，是他第一个让我产生这个念头：不仅仅只为报纸写一篇关于恢复力的文章，而是写一本书。这是一个直到完稿也不曾让我觉得片刻无聊的伟大主题，而我希望您，我亲爱的读者也是如此。

同样要非常感谢我的编辑卡特琳娜·菲斯特勒女士，是她令人惊讶的总览能力确保了全书的架构。她的经验和策划不仅给予我很大的帮助，而且从我的手稿中挑选出了最好的部分。

如果没有无数的采访对象用他们的学识支持我，这个项目就不可能如此顺利地完成。我感谢所有那些曾跟我分享自己经历、研究状况和学术知识的人们，让我能够将这些再传递给我的读者们。

我也要感谢我的同事克里斯蒂安·韦伯先生给予的建议和讨论，他总是热心地和我分享他那可靠又渊博的学识，也令我节省了许多辛苦费力地查阅资料的时间。

我还要向我的母亲伊尔姆戈特·贝尔特女士致以特别的感谢。她放下自己的活动安排，穿越整个国家来到慕尼黑帮我照看孩子，让我得以完成这本著作。

但是最要感谢的是我的丈夫彼得·考伊乐曼斯先生，他不仅在我因为揭发德国大学附属医院出现的器官非法买卖而导致职业生涯陷入危机时全力支持我、保护我，而且在长达几个月的时间里花费更多的精力照看我们的两个女儿，使我能够有足够的时间和精力保持恢复力，完成此书。

科学家名录[1]

汉斯·塞里　Hans Selye

克莱门斯·基施鲍姆　Clemens Kirschbaum

莫妮卡·布林格　Monika Bullinger

克里斯托夫·班贝格　Christoph Bamberger

雅各布森　Jacobson

米夏埃尔·艾德　Michael Eid

麦克·鲁曼　Maike Luhmann

丹尼斯·格斯多夫　Denis Gerstorf

弗洛里安·雷德堡根　Florian Lederbogen

安德里亚斯·迈尔·林登伯格　Andreas Meyer-Lindenberg

弗里德里希·洛赛尔　Friedrich Lösel

赫伯特·弗罗伊登贝格尔　Herbert Freudenberger

德国医师会议　Deutscher Ärztetag

奥拉夫·查讷斯基　Olaf Tscharnezki

乌尔里希·黑格尔　Ulrich Hegerl

沃尔夫冈·迈尔　Wolfgang Maier

安内特·沙凡　Annette Schavan

汉斯-乌尔里希·维特新　Hans-Ulrich Wittchen

弗兰克·雅各比　Frank Jacobi

---

[1] 为方便读者对恢复力课题进行进一步研究，附上书中出现的所有相关科学家和专业人员的原文名，按照在文中出现的顺序排列。

-243-

尤莉亚·柏姆　Julia Boehm

斯图尔特·欧尔山斯基　Stuart Jay Olshansky

维尔讷·施坦格尔　Werner Stangl

佩特拉·托恩　Petra Thorn

丹尼尔·霍塞尔　Daniela Hosser

霍斯特-爱伯哈特·黑希特尔　Horst-Eberhard Richter

埃米·沃纳　Emmy Werner

米歇尔·芬格勒　Michael Fingerle

莫妮卡·舒曼　Monika Schumann

乌尔瑞卡·鲍斯特　Ulrike Borst

卡尔纳·莱伯特　Karena Leppert

多丽丝·本德　Doris Bender

科琳娜·乌斯特曼·赛勒　Corina Wustmann Seiler

马丁·海森堡　Matin Heisenberg

马丁·塞利格曼　Martin Seligman

史蒂文·迈尔　Steven Maier

邵婷·布里吉特·丹尼尔　Schottin Brigid Daniel

延斯·阿森多夫　Jens Asendorpf

拉尔夫·施瓦策　Ralf Schwarzer

诺曼·格门茨　Norman Garmezy

弗洛姆·沃尔什　Froma Walsh

罗斯玛丽·维尔特-恩德林　Rosmarie Welter-Enderlin

罗斯玛丽·博勒　Rosemarie Bowler

乔治·布鲁诺　George Bonanno

西格蒙德·弗洛伊德　Sigmund Freud

马库斯·蒙德　Marcus Mund

克里斯丁·米特　Kristin Mitte

赫伯特·卡普夫　Herbert Kappauf

塔利·萨洛特　Tali Sharot

乔治·皮柏　Georg Pieper

贝特·加森　Bert Garssen

塔尼亚·措讷　Tanja Zöllner

理查德·特德斯基　Richard Tedeschi

劳伦斯·卡尔霍恩　Lawrence Calhoun

弗里德里希·尼采　Friedrich Nietzsche

安德里亚斯·迈克尔　Andreas Maercker

凯斯·麦克法兰　Cathy McFarland

策莱斯特·阿尔瓦罗　Celeste Alvaro

吉米·霍兰　Jimmie Holland

阿隆安·安东诺维斯基　Aaron Antonovsky

维克多·弗兰克尔　Viktor Frankl

芭芭拉·弗雷德里克森　Barbara Fredrickson

安哥拉·伊特尔　Angela Ittel

赫伯特·舍特豪尔　Herbert Scheithauer

马丁·霍尔特曼　Martin Holtmann

曼弗雷德·劳希特　Manfred Laucht

弗朗茨·彼特曼　Franz Petermann

布鲁诺·希尔德布兰特　Bruno Hildenbrand

哈利·哈洛　Harry Harlow

塞斯·波拉克　Seth Pollak

海德里斯·艾斯　Heidelise Als

查尔斯·尼尔森　Charles Nelson

内森·福克斯　Nathan Fox

查尔斯·策拿　Charles Zeanah

帕特里夏·布伦南　Patricia Brennan

阿德里安·雷恩　Adrian Raine

迈克尔·米尼　Michael Meaney

克里斯汀·海姆　Christine Heim

理查德·戴维森　Richard Davidson

罗格·皮特曼　Roger Pitman

特瑞·墨菲特　Terrie Moffitt

阿夫沙洛姆·卡斯皮　Avshalom Caspi

克劳斯·彼得·莱施　Klaus Peter Lesch

迪恩·基尔帕特里　Dean Kilpatrick

图尔汉·坎利　Turhan Canli

弗朗西斯·高尔顿　Francis Galton

尤莉亚·科姆-科恩　Julia Kim-Cohen

伊莲娜·奥布拉多维奇　Jelena Obradovic

托马斯·鲍策　Thomas Boyce

玛丽安·巴克曼斯-克拉嫩堡　Marian Bakermans-Kranenburg

莱纳·兰德格拉夫　Rainer Landgraf

吉恩·鲁宾逊　Gene Robinson

鲁道夫·耶尼施　Rudolf Jaenisch

曼奈·埃特雷　Manel Esteller

朱琳·吉拉斯　Juleen Zierath

杰弗瑞·格雷格　Jeffrey Graig

理查德·赛福瑞　Richard Saffery

古斯塔沃·杜雷克　Gustavo Turecki

埃里克·内斯特　Eric Nestler

默什·史扎夫　Moshe Szyf

伊丽莎白·宾德　Elisabeth Binder

托斯滕·科棱格　Torsten Klengel

瑞秋·耶胡达　Rachel Yehuda

卡瑞斯特·科龙　Karestan Koenen

莫妮卡·乌丁　Monica Uddin

维恩德·瑞恩　Virender Rehan

约翰·图岱　John Torday

弗洛里安·霍斯鲍尔　Florian Holsboer

多丽丝·本德　Doris Bender

米卡拉·乌里希　Michaela Ulich

托尼·玛伊尔　Toni Mayr

乔治·考曼　Georg Kormann

沃尔夫·高佩尔　Rolf Göppel

斯蒂芬妮·亚奥实　Stefanie Jaursch

瑞秋·卢卡斯-汤普森　Rachel Lucas-Thompson

利斯洛蒂·阿奈特　Lieselotte Ahnert

贾雷德·戴蒙德　Jared Diamond

海尔曼·舍尔　Hermann Scherl

萨宾娜·鲍恩　Sabina Pauen

詹姆斯·赫克曼　James Heckman

亚历山大·格劳博　Alexander Grob

米歇尔·兰姆　Michael Lamb

保罗·格斯塔　Paul Costa

罗伯特·麦克雷　Robert McCrae

阿洛伊斯·安格莱特　Alois Angleiner

弗里茨·奥斯腾多夫　Fritz Ostendorf

维尔纳·格里夫　Werner Greve

博格丹·德拉甘斯基　Bogdan Draganski

阿恩·梅　Arne May

布兰德·罗伯茨　Brend Roberts

温蒂·戴尔维吉奥　Wendy DelVecchio

凯西·布瑞斯　Cathy Price

唐纳德·希若图　Donald Hiroto

保罗·莱斯特　Paul Lester

罗伊·埃德尔森　Roy Eidelson

斯蒂芬·索德茨　Stephen Soldz

卡伦·莱维奇　Karen Reivich

简·吉勒姆　Jane Gillham

艾米·查林　Amy Challen

威利鲍尔德·鲁西　Willibald Ruch

杰瑞米·斯塔夫　Jeremy Staff

杰兰·莫提默　Jeylan Mortimer

马克·范里津　Mark Van Ryzin

马克·西里　Mark Seery

亚历山大·维斯　Alexander Weiss

乌苏拉·施陶丁格尔　Ursula Staudinger

乌特·昆茨曼　Ute Kunzmann

乌尔斯·海普　Urs Hepp

乌尔里希·施耐德　Ulrich Schnyder

托马斯·霍姆斯　Thomas Holmes

理查德·拉赫　Richard Rahe

乌尔丽克·安德森-奥伊斯特　Ulrike Anderssen-Reuster

乔恩·卡巴-金　Jon Kabat-Zinn

斯特凡·施密特　Stefan Schmidt

萨宾娜·索嫩塔克　Sabine Sonnentag

约尔根·祖雷　Jüegen Zulley

罗伯特·史迪高特　Robert Stickgold

格哈德·罗斯　Gerhard Roth

罗伯特·默顿　Robert Merton

布莱士·帕斯卡　Blaise Pascal

参考文献[1]

此处亟需恢复力

日复一日的压力

Berndt C (2010): Von allem zuviel. Wohlfühlen, 15. Dezember.

Lederbogen F, Kirsch P, Haddad L, Streit F, Tost H, Schuch P, Wüst S, Pruessner JC, Rietschel M, Deuschle M und Meyer-Lindenberg A (2011): City living and urban upbringing affect neural social stress processing in humans. Nature, Bd. 474, S. 498.

Luhmann M und Eid M (2009): Does it really feel the same? Changes in life satisfaction following repeated life events. Journal of Personality and Social Psychology, Bd. 97, S. 363.

Selye H (1936): A syndrome produced by diverse nocuous agents. Nature, Bd. 138, S. 32.

如果心灵缺少了防御装备

Boehm JK, Peterson C, Kivimaki M und Kubzansky LD (2011): Heart health when life is satisfying: Evidence from the Whitehall II cohort study. European Heart Journal, Bd. 32, S. 2672.

Deutsche Gesellschaft für Psychiatrie und Psychotherapie, Psychosomatik und Nervenheilkunde (2012): Positionspapier zum Thema Burnout, 7. März.

Freudenberger H (1974): Staff burn-out. Journal of Social Issues. Bd. 30, S. 159.

Liesemer D (2011): Ausgebrannt am Arbeitsplatz. GEO Wissen, 1. November.

Lohmann-Haislah A (2012): Stressreport Deutschland 2012. Psychische Anforderungen, Ressourcen und Befinden. Bundesanstalt für Arbeitsschutz und Arbeitsmedizin, Dortmund.

Olshansky SJ (2011): Aging of US presidents. Journal of the American Medical Association, Bd. 306, S. 2328.

Pan A, Sun Q, Okereke OI, Rexrode KM und Hu FB (2011): Depression and risk of stroke morbidity and mortality: A meta-analysis and systematic review. Journal of the American Medical Association, Bd. 306, S. 1241.

---

[1] 按照文献在书中第一次被提及的顺序出现。

Towfighi A, Valle N, Markovic D und Ovbiagele B (2013): Depression is associated with higher risk of death among stroke survivors. American Academy of Neurology 2013 Annual Meeting, Abstract 3498.

Weber C (2011): Epidemie des 21. Jahrhunderts? Die Zahl der psychischen Störungen nimmt nicht dramatisch zu, aber ihre absolute Häufigkeit wird unterschätzt. Süddeutsche Zeitung, 12. März.

Wittchen HU, Jacobi F, Rehm J, Gustavsson A, Svensson M, Jönsson B, Olesen J, Allgulander C, Alonso J, Faravelli C, Fratiglioni L, Jennum P, Lieb R, Maercker A, van Os J, Preisig M, Salvador-Carulla L, Simon R und Steinhausen HC (2011): The size and burden of mental disorders and other disorders of the brain in Europe 2010. European Neuropsychopharmacology, Bd. 21, S. 655.

自我测试：我的压力有多大？

Stangl W: http://arbeitsblaetter.stangl-taller.at/

人类及其危机

Hönscheid U (2005): Drei Kinder und ein Engel. Ein tödlicher Behandlungsfehler und der Kampf einer Mutter um die Wahrheit. Pendo-Verlag, München.

Witte H (2011): Hart am Wind. Thorsten Rarreck, 47, Mannschaftsarzt des Fußball-Bundesligisten Schalke 04, über den Rücktritt des am Burn-out-Syndrom erkrankten Trainers Ralf Rangnick. Der Spiegel, 26. September.

Berndt C (2007): Auf der Suche nach dem Ich. Immer mehr Kinder anonymer Samenspender drängen darauf, die Namen ihrer biologischen Väter zu erfahren. Süddeutsche Zeitung, 17. Dezember.

Pracon A (2012): Hjertet mot steinen. En overlevendes beretning fra Utøya. Verlag Cappelen Damm, Oslo.

Bruno MA, Bernheim JL, Ledoux D, Pellas F, Demertzi A und Laureys S (2011): A survey on self-assessed well-being in a cohort of chronic locked-in syndrome patients: Happy majority, miserable minority. British Medical Journal Open, Bd. 1, S. e000039.

Lucas RE (2007): Long-term disability is associated with lasting changes in subjective well-being: Evidence from two nationally representative longitudinal studies. Journal of Personality and Social Psychology, Bd. 92, S. 717.

Amend C (2006): »Wir können von Natascha nur lernen«: Der Psychoanalytiker Horst-Eberhard Richter kritisiert den Voyeurismus seiner Kollegen im Fall Kampusch und erzählt von seinen eigenen Erfahrungen in Isolationshaft. Die Zeit, 21. September.

Brüning, A (2006): »Der starke Wille dieser jungen Frau ist bemerkenswert«: Die Psychologin Daniela Hosser über Natascha Kampusch. Berliner Zeitung, 8. September.

Kampusch N (2012): 3096 Tage. Ullstein Taschenbuch Verlag, Berlin.

恢复力在日常生活中的威力

恢复力的若干支柱

Bender D und Lösel F (1997): Protective and risk effects of peer relations and social support on antisocial behaviour in adolescents from multi-problem milieus. Journal of Adolescence, Bd. 20, S. 661.

Berndt C (2010): Das Geheimnis einer robusten Seele: Wer früh erfahren hat, dass er anderen etwas bedeutet, findet auch nach Schicksalsschlägen neuen Mut. Süddeutsche Zeitung, 30. Oktober.

Borst U (2012): Von psychischen Krisen und Krankheiten, Resilienz und »Sollbruchstellen«. In: Welter-Enderlin R und Hildenbrand B (Hrsg.): Resilienz – Gedeihen trotz widriger Umstände. Verlag Carl Auer, Heidelberg.

Shamai M, Kimhi S und Enosh G (2007): Social systems and personal reactions to threats of war and terror. Journal of Social and Personal Relationships, Bd. 24, S. 747.

Werner E (1992): The Children of Kauai: Resiliency and recovery in adolescence and adulthood. Journal of Adolescent Health, Bd. 13, S. 262.

Wustmann C (2005): Die Blickrichtung der neueren Resilienzforschung: Wie Kinder Lebensbelastungen bewältigen. Zeitschrift für Pädagogik, Heft 2, S. 192.

强大的人常常特别了解自我

Berndt C (2011): Von der Melancholie der Insekten. Was Psychiater von Fruchtfliegen und Hamstern über Erkrankungen der menschlichen Seele lernen können. Süddeutsche Zeitung, 16. Februar.

Eisenstein EM und Carlson AD (1997): A comparative approach to the behavior called »learned helplessness«. Behavioural Brain Research, Bd. 86, S. 149.

Seligman ME und Maier SF (1967): Failure to escape traumatic shock. Journal of Experimental Psychology, Bd. 74, S. 1.

Wassell S (2008): The early years. Assessing and promoting resilience in vulnerable children 1. Jessica Kingsley Publishers, London.

什么令人强大，什么令人脆弱

Lösel F und Farrington D (2012): Direct protective and buffering protective factors in the development of youth violence. American Journal of Preventive Medicine, Bd. 43, S. 8.

总是快乐的错误：恢复力与健康

Bowler RM, Harris M, Li J, Gocheva V, Stellman SD, Wilson K, Alper H, Schwarzer R und Cone JE: Longitudinal mental health impact among police responders to the 9/11 terrorist attack. American Journal of Industrial Medicine, Bd. 55, S. 297.

Garmezy N (1991): Resilience in children's adaptation to negative life events and stressed environments. Pediatric Annals, Bd. 29, S. 459.

Mancini AD und Bonanno GA (2010): Resilience to potential trauma: toward a lifespan approach. In: Reich J, Zautra AJ und Hall JS (Hrsg.) (2010): Handbook of adult resilience. Guilford Press, New York.

Schröder K, Schwarzer R und Konertz W (1998): Coping as a mediator in recovery for cardiac surgery. Psychology and Health, Bd. 13, S. 83.

Strauss B, Brix C, Fischer S, Leppert K, Füller J, Röhrig B, Schleussner C, Wendt TG (2007): The influence of resilience on fatigue in cancer patients undergoing radiation therapy (RT). Journal of Cancer Research and Clinical Oncology, Bd. 133, S. 511.

Walsh F (1998): The resilience of the field of family therapy. Journal of Marital and Family Therapy, Bd. 24, S. 269.

Welter-Enderlin R und Hildenbrand B (Hrsg.) (2012): Resilienz – Gedeihen trotz widriger Umstände. Verlag Carl Auer, Heidelberg.

压抑是被允许的

Bonanno GA, Brewin CR, Kaniasty K und La Greca AM (2010): Weighing the costs of disaster: Consequences, risks, and resilience in individuals, families, and communities. Psychological Science in the Public Interest, Bd. 11, S. 1.

Garssen B (2007): Repression: Finding our way in the maze of concepts. Journal of Behavioral Medicine, Bd. 30, S. 471.

Mund M und Mitte K (2012): The costs of repression: A meta-analysis on the relation between repressive coping and somatic diseases. Health Psychology, Bd. 31, S. 640.

Sharot T, Korn CW und Dolan RJ (2011): How unrealistic optimism is maintained in the face of reality. Nature Neuroscience, Bd. 14, S. 1475.

Weber C (2012): Der Körper schlägt zurück. Seit Sigmund Freud erstmals über Verdrängung geschrieben hat, streiten Forscher über diesen Begriff. Eine Studie zeigt nun, dass unterdrückte Gefühle mit Krankheiten zumindest zusammenhängen. Süddeutsche Zeitung, 30. November.

在不幸中成长

Frankl VE (2005): Der Wille zum Sinn. Verlag Hans Huber, Bern.

Fredrickson BL, Tugade MM, Waugh CE und Larkin GR (2003): What good are positive emotions in crises? A prospective study of resilience and emotions following the terrorist attacks on the United States on September 11th, 2001. Journal of Personality and Social Psychology, Bd. 84, S. 365.

Holland JC und Lewis S (2001): The human side of cancer: living with hope, coping with uncertainty. Harper Perennial, New York.

McFarland C und Alvaro C (2000): The impact of motivation on temporal comparisons: Coping with traumatic events by perceiving personal growth. Journal of Personality and Social Psychology, Bd. 79, S. 327.

Nietzsche F (2005): Ecce homo – Wie man wird, was man ist. Deutscher Taschenbuch Verlag, München.
Paulsen S (2009): Wenn das Leben ins Wanken gerät. GEO Wissen, 1. Juni.
Smith SG und Cook S (2004): Are reports of PTG positively biased? Journal of Trauma and Stress, Bd. 12, S. 353.
Tedeschi RG und Calhoun LG (1996): The posttraumatic growth inventory: Measuring the positive legacy of trauma. Journal of Traumatic Stress, Bd. 9, S. 455.
Tedeschi RG, Park CL und Calhoun LG (Hrsg.) (1998): Posttraumatic growth: positive changes in the aftermath of crisis. Psychology Press, New York.
Wortman CB (2004). Posttraumatic growth: progress and problems. Psychological Inquiry, Bd. 15, S. 81.
Zoellner T und Maercker A (2006): Posttraumatic growth in clinical psychology – a critical review and introduction of a two component model. Clinical Psychology Review, Bd. 26, S. 626.
Zoellner T, Rabe S, Karl A und Maercker A (2008): Posttraumatic growth in accident survivors: openness and optimism as predictors of its constructive or illusory sides. Journal of Clinical Psychology, Bd. 64, S. 245.

哪个性别更强大?

Holtmann M und Laucht M (2007): Biologische Aspekte der Resilienz. In: Opp G und Fingerle M (Hrsg.): Was Kinder stärkt. Erziehung zwischen Risiko und Resilienz. Ernst-Reinhardt-Verlag, München.
Ittel A und Scheithauer H (2008): Geschlecht als »Stärke« oder »Risiko«? Überlegungen zur geschlechterspezifischen Resilienz. In: Opp G und Fingerle M (Hrsg.): Was Kinder stärkt. Erziehung zwischen Risiko und Resilienz. Ernst-Reinhardt-Verlag, München.

自我测试: 我的恢复力有多强?

Hildenbrand B (2012): Resilienz, Krise und Krisenbewältigung. In: Welter-Enderlin R und Hildenbrand B (Hrsg.): Resilienz – Gedeihen trotz widriger Umstände. Verlag Carl Auer, Heidelberg.
Leppert K, Koch B, Brähler E und Strauß B (2008): Die Resilienzskala (RS) – Überprüfung der Langform RS-25 und einer Kurzform RS-13. Klinische Diagnostik und Evaluation, Bd. 2, S. 226 ff.
Schumacher J, Leppert K, Gunzelmann T, Strauß B und Brähler E (2005):

Die Resilienzskala: Ein Fragebogen zur Erfassung der psychischen Widerstandsfähigkeit als Personmerkmal. Zeitschrift für Klinische Psychologie, Psychiatrie und Psychotherapie, Bd. 53, S. 16.

强者的基材：恢复力从何而来？

环境如何塑造人生（环境）

Als H, Lawhon G, Duffy FH, McAnulty GB, Gibes-Grossman R und Blickman JG (1994): Individualized developmental care for the very low-birth-weight preterm infant. Medical and neurofunctional effects. Journal of the American Medical Association, Bd. 272, S. 853.

Borge AIH, Rutter M, Côté S und Tremblay RE (2004): Early childcare and physical aggression: Differentiating social selection and social causation. Journal of Child Psychology and Psychiatry, Bd. 45, S. 367.

Brennan PA, Raine A, Schulsinger F, Kirkegaard-Sorensen L, Knop J, Hutchings B, Rosenberg R und Mednick SA (1997): Psychophysiological protective factors for male subjects at high risk for criminal behavior. American Journal of Psychiatry, Bd. 154, S. 853.

Harlow HF (1959): Love in infant monkeys. Scientific American, Bd. 200, S. 68.

Harlow HF, Dodsworth RO und Harlow MK (1965): Total social isolation in monkeys. Proceedings of the National Academy of Sciences of the USA, Bd. 54, S. 91.

Laucht M, Esser G und Schmidt MH (2001): Differential development of infants at risk for psychopathology: The moderating role of early maternal responsivity. Developmental Medicine and Child Neurology, Bd. 43, S. 292.

Nelson CA 3rd, Zeanah CH, Fox NA, Marshall PJ, Smyke AT und Guthrie D (2007): Cognitive recovery in socially deprived young children: the Bucharest early intervention project. Science, Bd. 318, S. 1937.

Raine A, Venables PH und Williams M (1995): High autonomic arousal and electrodermal orienting at age 15 years as protective factors against criminal behavior at age 29 years. American Journal of Psychiatry, Bd. 152, S. 1595.

Raine A, Liu J, Venables PH, Mednick SA und Dalais C (2010): Cohort profile: the Mauritius child health project, Bd. 39, S. 1441.

Shirtcliff EA, Coe CL und Pollak SD (2009): Early childhood stress is associated with elevated antibody levels to herpes simplex virus type 1. Proceedings of the National Academy of Sciences of the USA, Bd. 106, S. 2963.

大脑里发生着什么事（神经生物学）

Canli T und Lesch KP (2007): Long story short: The serotonin transporter in emotion regulation and social cognition. Nature Neuroscience, Bd. 10, S. 1103.

Davidson RJ und Fox NA (1982): Asymmetrical brain activity discriminates between positive and negative affective stimuli in human infants. Science, Bd. 218, S. 1235.

Gilbertson MW, Shenton ME, Ciszewski A, Kasai K, Lasko NB, Orr SP und Pitman RK (2002): Smaller hippocampal volume predicts pathologic vulnerability to psychological trauma. Nature Neuroscience, Bd. 5, S. 1242.

von dem Hagen EAH, Passamonti L, Nutland S, Sambrook J und Caldera AJ (2011): The serotonin transporter gene polymorphism and the effect of baseline on amygdala response to emotional faces. Neuropsychologia, Bd. 49, S. 674.

Heim C, Newport DJ, Heit S, Graham YP, Wilcox M, Bonsall R, Miller AH und Nemeroff CB (2000): Pituitary-adrenal and autonomic responses to stress in women after sexual and physical abuse in childhood. Journal of the American Medical Association, Bd. 284, S. 592.

Helmeke C, Poeggel G und Braun K (2001): Differential emotional experience induces elevated spine densities on basal dendrites of pyramidal neurons in the anterior cingulate cortex of Octodon degus. Neuroscience, Bd. 104, S. 927.

Meaney MJ (2001): Maternal care, gene expression, and the transmission of individual differences in stress reactivity across generations. Annual Review of Neuroscience, Bd. 24, S. 1161.

Murmu MS, Salomon S, Biala Y, Weinstock M, Braun K und Bock J (2006): Changes of spine density and dendritic complexity in the prefrontal cortex in offspring of mothers exposed to stress during pregnancy. European Journal of Neuroscience, Bd. 24, S. 1477.

Shakespeare-Finch JE, Smith SG, Gow KM, Embleton G und Baird L (2003): The prevalence of posttraumatic growth in emergency ambulance personnel. Traumatology, Bd. 9, S. 58.

遗传的影响（遗传学）

Bakermans-Kranenburg MJ, van IJzendoorn MH, Pijlman FT, Mesman J und Juffer F (2008): Experimental evidence for differential susceptibility: Dopamine D4 receptor polymorphism (DRD4 VNTR) moderates intervention effects on toddlers' externalizing behavior in a randomized controlled trial. Developmental Psychology, Bd. 44, S. 293.

Belsky J, Bakermans-Kranenburg MJ und van IJzendoorn MH (2007): For better and for worse: Differential susceptibility to environmental influences. Current Directions in Psychological Science, Bd. 16, S. 300.

Bouchard TJ und McGue M (2003): Genetic and environmental influences on human psychological differences. Journal of Neurobiology, Bd. 54, S. 4.

Canli T, Qiu M, Omura K, Congdon E, Haas BW, Amin Z, Herrmann MJ, Constable RT und Lesch KP (2006): Neural correlates of epigenesis. Proceedings of the National Academy of Sciences of the USA, Bd. 103, S. 16 033.

Caspi A, McClay J, Moffitt TE, Mill J, Martin J, Craig IW, Taylor A und Poulton R (2002): Role of genotype in the cycle of violence in maltreated children. Science, Bd. 297, S. 851.

Caspi A, Sugden K, Moffitt TE, Taylor A, Craig IW, Harrington H, McClay J, Mill J, Martin J, Braithwaite A und Poulton R (2003): Influence of life stress on depression: Moderation by a polymorphism in the 5-HTT gene. Science, Bd. 301, S. 386.

Karg K, Burmeister M, Shedden K und Sen S (2011): The serotonin transporter promoter variant (5-HTTLPR), stress, and depression meta-analysis revisited: Evidence of genetic moderation. Archives of General Psychiatry, Bd. 68, S. 444.

Kendler KS, Kuhn JW, Vittum J, Prescott CA und Riley B (2005): The interaction of stressful life events and a serotonin transporter polymorphism in the prediction of episodes of major depression: a replication. Archives of General Psychiatry, Bd. 62, S. 529.

Kilpatrick DG, Koenen KC, Ruggiero KJ, Acierno R, Galea S, Resnick HS, Roitzsch J, Boyle J und Gelernter J (2007): The serotonin transporter genotype and social support and moderation of posttraumatic stress disorder and depression in hurricane-exposed adults. American Journal of Psychiatry, Bd. 164, S. 1693.

Koenen KC, Aiello AE, Bakshis E, Amstadter AB, Ruggiero KJ, Acierno R, Kilpatrick DG, Gelernter J und Galea S (2009): Modification of the association between serotonin transporter genotype and risk of post-traumatic stress disorder in adults by county-level social environment. American Journal of Epidemiology, Bd. 169, S. 704.

Lesch K-P, Bengel D, Heils A, Sabol SZ, Greenber BD, Petri S, Benjamin J, Muller CR, Hamer DH und Murphy DL (1996): Association of anxiety-related traits with a polymorphism in the serotonin transporter gene regulatory region. Science, Bd. 274, S. 1527.

Mueller A, Armbruster D, Moser DA, Canli T, Lesch KP, Brocke B und Kirschbaum C (2011): Interaction of serotonin transporter gene-linked polymorphic region and stressful life events predicts cortisol stress response. Neuropsychopharmacology, Bd. 36, S. 1332.

Murgatroyd C, Patchev AV, Wu Y, Micale V, Bockmühl Y, Fischer D, Holsboer F, Wotjak CT, Almeida OF und Spengler D (2009): Dynamic DNA methylation programs persistent adverse effects of early-life stress. Nature Neuroscience, Bd. 12, S. 1559.

Obradovic J, Bush NR, Stamperdahl J, Adler NE und Boyce WT (2010): Biological sensitivity to context: the interactive effects of stress reactivity and family adversity on socio-emotional behavior and school readiness. Child Development, Bd. 81, S. 270.

Radtke KM, Ruf M, Gunter HM, Dohrmann K, Schauer M, Meyer A und Elbert T (2011): Transgenerational impact of intimate partner violence on methylation in the promoter of the glucocorticoid receptor. Translational Psychiatry, Bd. 1, S. e21.

Rutter M (2002): Nature, nurture, and development: From evangelism through science toward policy and practice. Child Development, Bd. 73, S. 1.

Rytina S und Marschall J (2010): Gegen Stress geimpft. Gehirn und Geist, Bd. 3, S. 51.

父母自身的经历是如何影响遗传的（表观遗传学）

Barrès R, Yan J, Egan B, Treebak JT, Rasmussen M, Fritz T, Caidahl K, Krook A, O'Gorman DJ und Zierath JR (2012): Acute exercise remodels promoter methylation in human skeletal muscle. Cell Metabolism, Bd. 15, S. 405.

Caldji C, Hellstrom IC, Zhang T-Y, Diorio J und Meaney M (2011): Environmental regulation of the neural epigenome. FEBS Letters, Bd. 585, S. 2049.

Caspi A, Williams B, Kim-Cohen J, Craig IW, Milne BJ, Poulton R, Schalkwyk LC, Taylor A, Werts H und Moffitt TE (2007): Moderation of breastfeeding effects on the IQ by genetic variation in fatty acid metabolism. Proceedings of the National Academy of Sciences of the USA, Bd. 104, S. 18 860.

Fraga MF, Ballestar E, Paz MF, Ropero S, Setien F, Ballestar ML, Heine-Suñer D, Cigudosa JC, Urioste M, Benitez J, Boix-Chornet M, Sanchez-Aguilera A, Ling C, Carlsson E, Poulsen P, Vaag A, Stephan Z, Spector TD, Wu YZ, Plass C und Esteller M (2005): Epigenetic differences arise during the lifetime of monozygotic twins. Proceedings of the National Academy of Sciences of the USA, Bd. 26, S. 10 604.

Gordon L, Joo JE, Powell JE, Ollikainen M, Novakovic B, Li X, Andronikos R, Cruickshank MN, Conneely KN, Smith AK, Alisch RS, Morley R, Visscher PM, Craig JM und Saffery R (2012): Neonatal DNA methylation profile in human twins is specified by a complex interplay between intrauterine environmental and genetic factors, subject to tissue-specific influence. Genome Research, Bd. 22, S. 1395.

Kim-Cohen J und Gold AL (2009): Measured gene-environment interactions and mechanisms promoting resilient development. Current Directions in Psychological Science, Bd. 18, S. 138.

Kim-Cohen J, Moffitt TE, Caspi A und Taylor A (2004): Genetic and environmental processes in young children's resilience and vulnerability to socioeconomic deprivation. Child Development, Bd. 75, S. 651.

Klengel T, Mehta D, Anacker C, Rex-Haffner M, Pruessner JC, Pariante CM, Pace TW, Mercer KB, Mayberg HS, Bradley B, Nemeroff CB, Holsboer F, Heim CM, Ressler KJ, Rein T und Binder EB (2013). Allele-specific FKBP5 DANN demethylation mediates gene-childhood trauma interactions. Nature Neuroscience, Bd. 16, S. 33.

Koenen KC, Uddin M, Chang SC, Aiello AE, Wildman DE, Goldmann E und Galea S (2011): SLC6A4 methylation modifies the effect of the number of traumatic events on risk for posttraumatic stress disorder. Depression and Anxiety, Bd. 28, S. 639.

Labonté B, Suderman M, Maussion G, Navaro L, Yerko V, Mahar I, Bureau A, Mechawar N, Szyf M, Meaney MJ und Turecki G (2012): Genome-wide epigenetic regulation by early-life trauma. Archives of General Psychiatry, Bd. 69, S. 722.

McGowan PO, Sasaki A, D'Alessio AC, Dymov S, Labonté B, Szyf M, Turecki G und Meaney MJ (2009): Epigenetic regulation of the glucocorticoid receptor in human brain associates with childhood abuse. Nature Neuroscience, Bd. 12, S. 342.

Nestler EJ (2012): Stress makes its molecular mark. Nature, Bd. 490, S. 171.

Phillips AC, Roseboom TJ, Carroll D und de Rooij SR (2012): Cardiovascular and cortisol reactions to acute psychological stress and adiposity: cross-sectional and prospective associations in the Dutch famine birth cohort study. Psychosomatic Medicine, Bd. 74, S. 699.

Rehan VK, Liu J, Naeem E, Tian J, Sakurai R, Kwong K, Akbari O und Torday JS (2012): Perinatal nicotine exposure induces asthma in second generation offspring. BMC Medicine, Bd. 10, S. 129.

Roseboom TJ, van der Meulen JH, Ravelli AC, Osmond C, Barker DJ und Bleker OP (2001): Effects of prenatal exposure to the Dutch famine on adult disease in later life: An overview. Molecular and Cellular Endocrinology, Bd. 185, S. 93.

Spork P (2010): Der zweite Code: Epigenetik oder: Wie wir unser Erbgut steuern können. Rowohlt-Verlag, Reinbek.

Spork P (2012): Schutz aus dem Erbgut. Süddeutsche Zeitung, 3. Dezember.

Sun H, Kennedy PJ und Nestler EJ (2013): Epigenetics of the depressed brain: Role of histone acetylation and methylation. Neuropsychopharmacology, Bd. 38, S. 124.

Weaver IC, Cervoni N, Champagne FA, D'Alessio AC, Sharma S, Seckl JR, Dymov S, Szyf M und Meaney MJ (2004): Epigenetic programming by maternal behavior. Nature Neuroscience, Bd. 7, S. 847.

Yehuda R, Bell A, Bierer LM und Schmeidler J (2008): Maternal, not paternal, PTSD is related to increased risk for PTSD in offspring of Holocaust survivors. Journal of Psychiatric Research, Bd. 42, S. 1104.

如何使孩子更强大

"不要过分保护孩子"

Kim-Cohen J und Turkewitz R (2012): Resilience and measured gene-environment interactions. Development und Psychopathology, Bd. 24, S. 1297.

将恢复力法则纳入幼儿园教学计划

Beelmann A, Jaursch S und Lösel F (2004): Ich kann Probleme lösen: Soziales Trainingsprogramm für Vorschulkinder. Universität Erlangen-Nürnberg: Institut für Psychologie.

Göppel R (2007): Lehrer, Schüler und Konflikte. Verlag Julius Klinkhardt, Bad Heilbrunn.

Kormann G (2007): Resilienz – Was Kinder stärkt und in ihrer Entwicklung unterstützt. In: Plieninger M und Schumacher E (Hrsg.): Auf den Anfang kommt es an – Bildung und Erziehung im Kindergarten und im Übergang zur Grundschule. Gmünder Hochschulreihe, Nr. 27, S. 37.

Lösel F und Bender D: Von generellen Schutzfaktoren zu spezifischen protektiven Prozessen: Konzeptuelle Grundlagen und Ergebnisse der Resilienzforschung. In: Opp G und Fingerle M (Hrsg.) (2007): Was Kinder stärkt. Erziehung zwischen Risiko und Resilienz. Ernst-Reinhardt-Verlag, München.

Lösel F, Beelmann A, Stemmler M und Jaursch S (2006): Prävention von Problemen des Sozialverhaltens im Vorschulalter: Evaluation des Eltern- und Kindertrainings EFFEKT. Zeitschrift für Klinische Psychologie und Psychotherapie, Bd. 35, S. 127.

Lösel F, Hacker S, Jaursch S, Runkel D, Stemmler M und Eichmann A (2006): Training im Problemlösen (TIP). Sozial-kognitives Kompetenztraining für Grundschulkinder. Universität Erlangen-Nürnberg, Institut für Psychologie.

Mayr T und Ulich M (2006): Basiskompetenzen von Kindern begleiten und unterstützen – der Beobachtungsbogen Perik. Kindergarten heute, Heft 6–7, S. 26.

Opp G und Fingerle M (Hrsg.) (2007): Was Kinder stärkt. Erziehung zwischen Risiko und Resilienz. Ernst-Reinhardt-Verlag, München.

Opp G und Teichmann J (Hrsg.) (2008): Positive Peerkultur: Best Practices in Deutschland. Verlag Julius Klinkhardt, Bad Heilbrunn.

Schick A und Cierpka M (2010): Förderung sozial-emotionaler Kompetenzen mit Faustlos: Konzeption und Evaluation der Faustlos-Curricula. Bildung und Erziehung, Bd. 63, S. 277.

孩子对母亲的需求有多大?

Adi-Japha E und Klein PS (2009): Relations between parenting quality and cognitive performance of children experiencing varying amounts of childcare. Child Development, Bd. 80, S. 893.

Ahnert L (2010): Wieviel Mutter braucht ein Kind? Bindung – Bildung – Betreuung. Spektrum Akademischer Verlag, Heidelberg.

Ahnert L, Rickert H und Lamb ME (2000): Shared caregiving: Comparison between home and child care. Developmental Psychology, Bd. 36, S. 339.

Berndt C (2008): Der gebildete Säugling. Nie wieder lernen Menschen so viel wie in den ersten Jahren ihres Lebens. Kinder früh zu fördern, bringt der Gesellschaft mehr Gewinn als jede Eliteuniversität. SZ Wissen, 10. Mai.

Bredow R (2010): »Mütter, entspannt euch!« Die Entwicklungspsychologin Lieselotte Ahnert über emotionale Bedürfnisse von Kleinkindern, Anforderungen an die Eltern und die Fremdbetreuung bei Naturvölkern. Der Spiegel, 8. März.

Campbell FA, Ramey CT, Pungello EP, Sparling J und Miller-Johnson S (2002): Early childhood education: young adult outcomes from the Abecedarian project. Applied Developmental Science, Bd. 6, S. 42.

Fritschi T und Oesch T (2008): Volkswirtschaftlicher Nutzen von frühkindlicher Bildung in Deutschland. Eine ökonomische Bewertung langfristiger Bildungseffekte bei Krippenkindern. Bertelsmann Stiftung, Bielefeld.

Heckman J, Moon SH, Pinto R, Savelyev P und Yavitz A (2010): Analyzing social experiments as implemented: a reexamination of the evidence from the HighScope Perry Preschool Program. Forschungsinstitut zur Zukunft der Arbeit (IZA), DP Nr. 5095.

Huston AC und Rosenkrantz AS (2005): Mothers' time with infant and time in employment as predictors of motherchild relationships and children's early development. Child Development, Bd. 76, S. 467.

Jaursch S und Lösel F (2011): Mütterliche Berufstätigkeit und kindliches Sozialverhalten. Kindheit und Entwicklung, Bd. 20, S. 164.

Lucas-Thompson RG, Goldberg WA und Prause JA (2010): Maternal work early in the lives of children and its distal associations with achievement and behavior problems: A metaanalysis. Psychological Bulletin, Bd. 136, S. 915.

NICHD Early Child Care Research Network (1997): The effects of infant child care on infant-mother attachment security: Results of the NICHD study of early child care. Child Development, Bd. 68, S. 860.

NICHD Early Child Care Research Network (2000): The relation of child care to cognitive and language development. Child Development, Bd. 71, S. 960.

NICHD Early Child Care Research Network (2001): Nonmaternal care and family factors in early development: An overview of the NICHD Study of Early Child Care. Applied Developmental Psychology, Bd. 22, S. 457.

NICHD Early Child Care Research Network (2003): Does amount of time spent in child care predict socioemotional adjustment during the transition to kindergarten? Child Development, Bd. 74, S. 976.

NICHD Early Child Care Research Network (2005): Duration and developmental timing of poverty and children's cognitive and social development from birth through third grade. Child Development, Bd. 76, S. 795.

Ramey CT, Campbell FA, Burchinal M, Skinner ML, Gardner DM und Ramey SL (2000): Persistent effects of early intervention on high-risk children and their mothers. Applied Developmental Science, Bd. 4, S. 2.

Scherl H (2007): Für viele Kinder wäre es ein Segen, wenn sie betreut würden. Die Zeit, 14. Juni.

Scheuer J und Dittmann A (2007): Berufstätigkeit von Müttern bleibt kontrovers. Einstellungen zur Vereinbarkeit von Beruf und Familie in Deutschland und Europa. Informationsdienst Soziale Indikatoren, Bd. 38, S. 1.

日常生活指南

人是可以改变的

Costa PT und McCrae RR (2006): Age changes in personality and their origins: comment on Roberts, Walton, and Viechtbauer. Psychological Bulletin, Bd. 132, S. 26.

Draganski B, Gaser C, Kempermann G, Kuhn HG, Winkler J, Büchel C und May A (2006): Temporal and spatial dynamics of brain structure changes during extensive learning. The Journal of Neuroscience, Bd. 26, S. 6314.

Rakic P (2002): Neurogenesis in adult primate neocortex: An evaluation of the evidence. Nature Reviews Neuroscience, Bd. 3, S. 65.

Ramsden S, Richardson FM, Josse G, Thomas MS, Ellis C, Shakeshaft C, Seghier ML und Price CJ (2011): Verbal and non-verbal intelligence changes in the teenage brain. Nature, Bd. 479, S. 113.

Roberts BW und DelVecchio WF (2000): The rank-order consistency of personality traits from childhood to old age: A quantitative review of longitudinal studies. Psychological Bulletin, Bd. 126, S. 3.

Srivastava S, John OP, Gosling SD und Potter J (2003): Development of personality in early and middle adulthood: Set like plaster or persistent change? Journal of Personality and Social Psychology, Bd. 84, S. 1041.

"大五人格"

Borkenau P und Ostendorf F (2008): NEO-Fünf-Faktoren-Inventar nach Costa und McCrae (NEO-FFI). Verlag Hogrefe, Göttingen. 2. Auflage.

Costa PT und McCrae RR (1992): Revised NEO Personality Inventory (NEO-PI-R) and NEO Five-Factor Inventory (NEO-FFI) manual. Psychological Assessment Resources, Odessa (Florida).

恢复力形成于早期，但是成年后依然能够习得

American Psychological Association (2002): The Road to Resilience. In: http://www.apa.org/helpcenter/road-resilience.aspx.
This material originally appeared in English as »Ten Ways to build resilience« und »Staying flexible«. Copyright © 2002 by the American Psychological Association. Translated and Adapted with permission. The American Psychological Association is not responsible for the accuracy of this translation. This translation cannot be reproduced or distributed further without prior written permission from the APA.

Asendorpf JB und van Aken MA (1999): Resilient, overcontrolled, and undercontrolled personality prototypes in childhood: Replicability, predictive power, and the trait-type issue. Journal of Personality and Social Psychology, Bd. 77, S. 815.

Bonanno GA, Mancini AD, Horton JL, Powell TM, Leardmann CA, Boyko EJ, Wells TS, Hooper TI, Gackstetter GD und Smith TC (2012): Trajectories of trauma symptoms and resilience in deployed U.S. military service members: prospective cohort study. British Journal of Psychiatry, Bd. 200, S. 317.

Challen A, Noden P, West A und Machin S (2009): UK Resilience Programme Evaluation Interim Report. Department for Children, Schools and Families Research Report (DCSF-RR) Nr. 094.

Cornum R, Matthews MD und Seligman ME (2011): Comprehensive soldier fitness: building resilience in a challenging institutional context. The American Psychologist, Bd. 66, S. 4.

Eidelson R und Soldz S (2012): Does comprehensive soldier fitness work? CSF research fails the test. Coalition for an Ethical Psychology, working paper, Nr. 1, Mai 2012.

Eidelson R, Pilisuk M und Soldz S (2011): The dark side of comprehensive soldier fitness. American Psychologist, Bd. 66, S. 643.

Gander F, Proyer RT, Ruch W und Wyss T (2012): Strength-based positive interventions: Further evidence on their potential for enhancing well-being and alleviating depression. Journal of Happiness Studies.

Gillham JE, Jaycox LH, Reivich KJ, Seligman MEP und Silver T (1990): The Penn Resiliency Program. Unpublished manuscript, University of Pennsylvania, Philadelphia.

Gillham JE, Reivich KJ, Brunwasser SM, Freres DR, Chajon ND, Kash-Macdonald VM, Chaplin TM, Abenavoli RM, Matlin SL, Gallop RJ und Seligman ME (2012): Evaluation of a group cognitive-behavioral depression prevention program for young adolescents: a randomized effectiveness trial. Journal of Clinical Child and Adolescent Psychology, Bd. 41, S. 621.

Gillham JE, Reivich KJ, Freres DR, Chaplin TM, Shatté AJ, Samuels B, Elkon AG, Litzinger S, Lascher M, Gallop R und Seligman ME (2007): School-based prevention of depressive symptoms: A randomized controlled study of the effectiveness and specificity of the Penn Resiliency Program. Journal of Consulting and Clinical Psychology, Bd. 75, S. 9.

Hiroto DS und Seligman MEP (1975): Generality of learned helplessness in man. Journal of Personality and Social Psychology, Bd. 31, S. 311.

Lester PB, Harms PD, Herian MN, Krasikova DV, Beal, SJ (2011): The comprehensive soldier fitness program evaluation, Report #3: Longitudinal analysis of the impact of master resilience, Training on Self-Reported Resilience and Psychological Health Data.

McNally RJ (2012): Are we winning the war against posttraumatic stress disorder? Science, Bd. 336, S. 872.

Proyer RT, Ruch W und Buschor C (2012): Testing strengths-based interventions: A preliminary study on the effectiveness of a program targeting curiosity, gratitude, hope, humor, and zest for enhancing life satisfaction. Journal of Happiness Studies.

Reivich KJ, Seligman MEP und McBride S (2011): Master resilience training in the U.S. Army. American Psychologist, Bd. 66, S. 25.

Rendon J (2012): Post-traumatic stress's surprisingly positive flip side. New York Times, 22. März.

Ruch W und Proyer RT (2011): Positive Interventionen: Stärkenorientierte Ansätze. In: Frank R (Hrsg.): Therapieziel Wohlbefinden. Springer-Verlag, Berlin/Heidelberg, 2. Auflage.

Seligman ME (2012): Flourish – Wie Menschen aufblühen: Die Positive Psychologie des gelingenden Lebens. Kösel-Verlag, München.

Seligman ME, Steen TA, Park N und Peterson C (2005): Positive psychology progress: empirical validation of interventions. American Psychologist, Bd. 60, S. 410.

压力预防针

Gunnar MR, Frenn K, Wewerka SS und van Ryzin MJ (2009): Moderate versus severe early life stress: Associations with stress reactivity and regulation in 10–12-year-old children. Psychoneuroendocrinology, Bd. 34, S. 62.

Leppert K und Strauß B (2011): Die Rolle von Resilienz für die Bewältigung von Belastungen im Kontext von Altersübergängen. Zeitschrift für Gerontologie und Geriatrie, Bd. 44, S. 313.

Leppert K, Gunzelmann T, Schumacher J, Strauß B und Brähler E (2005): Resilienz als protektives Persönlichkeitsmerkmal im Alter. Psychotherapie, Psychosomatik, Medizinische Psychologie, Bd. 55, S. 365.

Mortimer J und Staff J (2004): Early work as a source of developmental discontinuity during the transition to adulthood. Development and Psychopathology, Bd. 16, S. 1047.

Parker KJ, Buckmaster CL, Schatzberg AF und Lyons DM (2004): Prospective investigation of stress inoculation in young monkeys. Archives of General Psychiatry, Bd. 61, S. 933.

Richter D und Kunzmann U (2011): Age differences in three facets of empathy: Performance-based evidence. Psychology and Aging, Bd. 26, S. 60.

Seery MD, Holman EA und Silver RC (2010): Whatever does not kill us: cumulative lifetime adversity, vulnerability, and resilience. Journal of Personality and Social Psychology, Bd. 99, S. 1025.

Staudinger UM und Baltes PB (1996): Weisheit als Gegenstand psychologischer Forschung. Psychologische Rundschau Bd. 47, S. 1.

Staudinger UM und Greve W (2007): Resilienz im Alter aus der Sicht der Lebensspannen-Psychologie. In: Opp G und Fingerle M (Hrsg.): Was Kinder stärkt. Erziehung zwischen Risiko und Resilienz. Ernst-Reinhardt-Verlag, München.

Weiss A, King JE, Inoue-Murayama M, Matsuzawa T und Oswald AJ (2012): Evidence for a midlife crisis in great apes consistent with the U-shape in human well-being. Proceedings of the National Academy of Sciences of the USA, Bd. 109, S. 19949.

如何保持强大

American Psychological Association: Road to resilience, staying flexible, Internet Psychology Help Center: http://www.apa.org/helpcenter/road-resilience.aspx.

Hepp U (2012): Trauma und Resilienz – Nicht jedes Trauma traumatisiert. In: Welter-Enderlin R und Hildenbrand B (Hrsg.) (2012): Resilienz – Gedeihen trotz widriger Umstände. Verlag Carl Auer, Heidelberg.

Schnyder U, Moergeli H, Klaghofer R, Sensky T und Buchi S (2003): Does patient cognition predict time off from work after life-threatening accidents? American Journal of Psychiatry, Bd. 160, S. 2025.

"我的压力好大！"——自我造成的脆弱

Kaluza G (2011): Stressbewältigung: Trainingsmanual zur psychologischen Gesundheitsförderung. Springer-Verlag, Heidelberg, 2. Auflage.

Kaluza G (2012): Gelassen und sicher im Stress: Das Stresskompetenzbuch. Stress erkennen, verstehen, bewältigen. Springer-Verlag, Heidelberg, 4. überarbeitete Auflage.

Holmes TH und Rahe RH (1967): The social readjustment rating scale. Journal of Psychosomatic Research, Bd. 11, S. 213.

注意力小训练

Kabat-Zinn J (2011): Gesundheit durch Meditation: Das große Buch der Selbstheilung. Knaur Verlag, München.

"断电"指南

Merton RK (1949): Social theory and social structure. Free Press Publisher, New York.

Pascal B (1840): Gedanken über die Religion und einige andere Gegenstände. Verlag Wilhelm Besser, Berlin.

Schneider M (2006): Teflon, Post-it und Viagra. Große Entdeckungen durch kleine Zufälle. Verlag Wiley-VCH, Weinheim.

Schwenke P (2008): Niemand ist frei: Ein Gespräch mit dem Gehirnforscher Gerhard Roth über schwierige Entscheidungen, den freien Willen und warum Menschen ihr Verhalten nur schwer ändern können. Zeit Campus, 11. April.

Sonnentag S (2012): Psychological detachment from work during leisure time: the benefits of mentally disengaging from work. Current Directions in Psychological Science, Bd. 21, S. 114.

Stickgold R, Scott L, Rittenhouse C und Hobson JA (1999): Sleep-induced changes in associative memory. Journal of Cognitive Neuroscience, Bd. 11, S. 182.